爱上编程
Programming

喵星学院

MakeCode Arcade 趣味游戏设计入门

■ 陈红波 著

人 民 邮 电 出 版 社
北 京

图书在版编目（CIP）数据

MakeCode Arcade趣味游戏设计入门 : 喵星学院 / 陈红波著. -- 北京 : 人民邮电出版社, 2021.5
（爱上编程）
ISBN 978-7-115-56073-5

Ⅰ. ①M… Ⅱ. ①陈… Ⅲ. ①游戏程序－程序设计－少儿读物 Ⅳ. ①TP317.61-62

中国版本图书馆CIP数据核字(2021)第043175号

内容提要

MakeCode Arcade 是微软推出的一款开源像素风格游戏图形化编程工具，它可以让你在创建像素风格游戏的同时，以一种有趣的模式学习物理、数学、音乐等多学科知识。喵比特是Kittenbot为MakeCode Arcade设计的一款自带多种传感器的可编程游戏掌机。

本书通过一系列有趣的故事激发读者的学习兴趣，帮助读者循序渐进地掌握MakeCode Arcade平台的编程方法，让每一位读者在享受创造游戏乐趣的同时，掌握坐标系、随机数、速度、简谱等多学科知识及变量、列表、判断结构、函数等基础编程知识。

本书不仅适合作为想要系统自学MakeCode Arcade游戏编程的学生及老师的参考手册，也适合作为想要开展图形化编程的课堂、工作坊的参考书。

◆ 著　　　　陈红波
责任编辑　周　明
责任印制　陈　犇
◆ 人民邮电出版社出版发行　　北京市丰台区成寿寺路11号
邮编　100164　　电子邮件　315@ptpress.com.cn
网址　https://www.ptpress.com.cn
雅迪云印（天津）科技有限公司印刷
◆ 开本：787×1092　1/16
印张：12　　　　2021年5月第1版
字数：277千字　　　　2021年5月天津第1次印刷

定价：99.80元

读者服务热线：(010)81055493　印装质量热线：(010)81055316
反盗版热线：(010)81055315
广告经营许可证：京东市监广登字20170147号

喵星学院

在宇宙的一个角落，有一个神秘的星球，叫作喵喵星球。这是一个神奇的魔法世界，生活在喵喵星球上的人们，总是能够利用神奇的魔法创造游戏，解决宇宙危机。相传，喵喵星球上有一所喵星学院，喵星学院每年都会从其他星球选择优秀的孩子加入学院，来学习神奇的魔法。

每一名喵星学院的毕业生都掌握瞬间移动、虚空造物等各种各样的魔法，每一个星球都流传着喵星学院毕业生的传说，每个人都希望能够进入喵星学院，学习神奇的魔法，成为宇宙英雄。

前言

学生的成长环境数字化、智能化程度在不断提高，导致他们对“有趣、好玩”这种感觉的阈值也在不断提高，但他们逻辑思维等相关能力的提升并没有跟上这种提高的速度。

笔者从 2017 年开始，全职投入青少年图形化编程教育，先后到深圳多所中小学教授青少年图形化编程课程，并在校外培训机构担任线下、线上的授课教师，主导开发多套课程，搭建全学段课程体系。

青少年图形化编程教育能够获得国家支持、家长赞扬、学生喜爱的根本原因是，这种教育是以兴趣撬动学生学习欲望的。“做出更好玩、更酷炫的游戏”，这种想法驱动着学生自主学习、独立思考。而教师则通过课程给学生搭建一条“打怪升级”的平缓学习路线，引导学生玩得更开心，学得更快乐。

近两年学生坚持学习图形化编程的比例在缩减，很多学生在学习了一个学期，甚至三四节课后就对图形化编程丧失了兴趣。通过观察及与学生沟通，我找到了答案，也就是写在最前面那一段话。

目前市面上主流的青少年图形化编程课程采用的是麻省理工学院开发的图像化编程工具 Scratch，该工具自由度高，但是这也意味着，学生如果想要完全自己设计一个功能相对完整、可玩性较高的游戏需要先学习较长时间。

比如制作一个类似《超级马里奥》的游戏时，学生需要写一个相对复杂的程序才能让角色在跳上空中的某段墙壁时不掉下来。又比如制作角色发射弹射物攻击敌人的情景时，学生需要先了解判断结构，理解克隆体、变量等相关概念，才能做出当弹射物攻击到敌人时，让敌人消失、积分增加的效果。

与花费较多时间依旧做不出效果比较好的游戏相对应的是，学生从各个渠道看到的可玩度高、人物角色精美的手机游戏、PC 游戏。

青少年图形化编程并不一定要从游戏编程切入，但游戏编程是较容易被接受的几种切入点之一。我曾经很忧虑，担心随着数字化、智能化社会的进一步推进，那些能吸引学生、激发学生学习热情的东西会渐渐减少，乃至消失。

虽然现在市面上有一些新的解决方案，比如搭建好完整的游戏环境，学生只需要通过几行代码控制角色运动，就可以在玩游戏的过程中学会编程的软件。但是我觉得这种方式始终缺了一些创造性，这是成年人设计给孩子的学习工具，而不是学生自己创造的作品。

诚然，我可以通过课程环节的设计以及授课技巧的运用，让学生在课堂中取得成就感，逐步提升编程能力，但这些都非常依赖老师的实际教学能力、课程设计师的课程设计能力，始终掩盖不了图形化游戏编程本身，在撬动学生学习热情方面的能力在不断减弱的事实。

这种忧虑持续到了我遇到 MakeCode Arcade 的前一秒。当我第一次听说 MakeCode Arcade 时，我有一种强烈的预感——它能够解决我的问题。后来我详细研究了 MakeCode Arcade 平台，并使用 MakeCode Arcade 平台编写了一些游戏，制作了一些课程，并开展了几次游戏编程工作坊。

我通过这些事验证了我最初的猜测：MakeCode Arcade 可以让学生在没有掌握很多编程知识的情况下，做出具备足够吸引力的游戏。在我看来，MakeCode Arcade 解决这个问题的核心是引入图块地图和封装事件代码。

MakeCode Arcade 引入了图块地图的功能，让学生能够通过内置图块及自定义图块，绘制出观赏性极高的地图，并引入了“墙壁”的概念，让游戏更“真实”，也让游戏中效果的实现方法更贴合学生的认知。

封装事件代码指的是将角色间的重叠事件、弹射物发射事件、得分事件、生命值事件等，全部变为简单的指令，学生不需要写出大量的代码来实现看起来很简单的效果。

但是，这种“封装事件”的模式也带来了一些新的问题。因为封装后的事件很多都是独立的指令，可以独立触发，与原来的图形化编程，将大多数事件放在一个程序中，通过判断结构逐一判断与检测不同。

在使用 MakeCode Arcade 平台学习图形化游戏编程时，我们应该先学会用封装的事件做出各种酷炫好玩的游戏效果，不能执着于传统的编程语法。在使用封装事件做出各种有趣好玩的效果后，再在一些细节功能上加入传统的编程语法，学生就可以学得更轻松，并且对这些知识保持更高的探索热情。

目前，国内 MakeCode Arcade 的普及度较低，其中很大一部分原因是，很多老师和学生没有适应 MakeCode Arcade 的使用特性，而导致学习不顺畅。

基于分享的态度，笔者结合之前设计的 MakeCode Arcade 工作坊及课程，在多方支持下撰写了本书。本书总共 6 章、18 节课，以一个虚拟角色喵小灰到喵星学院学习的故事为主线，从 MakeCode Arcade 平台的基本使用方法到各种封装指令的使用方法，再到后来融合音乐、数学、物理等学科知识及基本编程语法，引导读者由浅入深掌握使用 MakeCode Arcade 进行游戏编程的方法。

书中每一节课都由“课程引入”“任务发布”“魔法小课堂”“魔法演习”“任

务拓展”“魔法考核”“魔法链接”“本课小结”8 个环节组成。

“课程引入”的作用是通过故事增强学生带入感，提升学生学习兴趣；“任务发布”是对前一个环节核心信息的提炼和补充，帮助学生提高分析能力，并引出需要学习的新知识；“魔法小课堂”是本节课要学习的新知识；“魔法演习”则是实现任务的详细步骤，当学生无法通过学习的知识完成任务时，“魔法演习”可以给学生一些参考；“任务拓展”是对前面所学知识的二次应用，旨在通过练习帮助学生巩固所学的知识；“魔法考核”则是对本课核心知识的考察，相应答案可以在本节课最后看到，旨在帮助学生了解自己对所学知识及技能的掌握情况；“魔法链接”是对本课相关的一些拓展知识的讲解，帮助学生开阔视野；“本课小结”中，学生可以对自己的知识掌握情况进行评估，并记录自己的学习心得与学习体会。

通过这些环节，读者在没有指导老师的情况下，也能跟随本书，轻松学习，掌握 MakeCode Arcade 游戏编程的基本技能与方法。

由于笔者水平和能力有限，书中难免存在不足之处，恳请读者不吝赐教。同时，我希望这本书能够起到抛砖引玉的作用，让更多教师分享解决方案，一起为中国青少年编程教育添砖加瓦，给学生提供更合适的学习工具，创造更好的学习氛围。

陈红波

2021 年 1 月

目录

第1章　神秘喵喵星

第2章　入学考试

第3章　魔法课堂

目录

第 1 章 神秘喵喵星

喵小灰是水蓝星上一名普普通通的学生，他和宇宙中的其他人一样，有一个进入喵星学院学习的梦想。

喵小灰为了梦想不断奋斗，最终成功通过了喵星学院的初步选拔。通过初选后，喵星学院的喵老师告诉喵小灰：“你需要在正式选拔赛前，完成 3 项准备任务，才能参加最终选拔赛。”

通过喵老师给的资料，喵小灰知道了喵星学院施展魔法的秘密，这些秘密就藏在这 3 项任务之中，让我们一起来揭开喵星学院的神秘面纱吧！

第 1 课 喵星学院

课程引入

众所周知，普通世界是不存在魔法的，那么喵喵星球上为什么会存在魔法呢？原来喵喵星球是一个连接电子世界与现实世界的中转星球。

喵喵星球的居民通过一个叫作 MakeCode Arcade 的平台，在电子世界中施展各种神奇的魔法，然后通过特殊的道具，将魔法通过喵喵星球传送到有需要的地方。

喵小灰的第一个任务就是学会使用 MakeCode Arcade 平台。本节课让我们跟随喵小灰，一起学习魔法之源——MakeCode Arcade。

任务发布

了解 MakeCode Arcade，掌握它的基本使用方法，体验一款 MakeCode Arcade 游戏，并将其保存到计算机上。

魔法小课堂

走近 MakeCode Arcade

MakeCode Arcade 是微软公司推出的一款图形化游戏编程平台，人们在这里可以通过图形化编程设计像素风格的游戏；通过游戏学习编程；在设计游戏的过程中综合应用物理、数学等多学科知识，培养逻辑思维、计算思维。下图所示为几款使用 MakeCode Arcade 制作的游戏。

Falling Duck

Jumpy Platformer

Hot Air Balloon

Bunny Hop

Jetpack Jenny

Delivery

MakeCode Arcade 有在线版和离线版两种，在线版只需要通过浏览器访问 MakeCode Arcade 官方网站即可使用，离线版需要先下载对应系统的安装包，安装后才能使用。

离线版下载步骤如下。

（1）在浏览器顶部输入下载地址。

（2）阅读下载说明条款，确定是否要使用离线版。

（3）若确定要使用离线版，则勾选同意协议。

（4）根据自己计算机的操作系统选择合适的安装包下载。

注意：后续课程均使用在线版创建，离线版因网络问题可能存在部分区域无法打开下载页的问题。若在线版无法访问或速度过慢，也可通过小喵科技网站下载离线版：https://exl.ptpress.cn:8442/ex/l/0635694b。

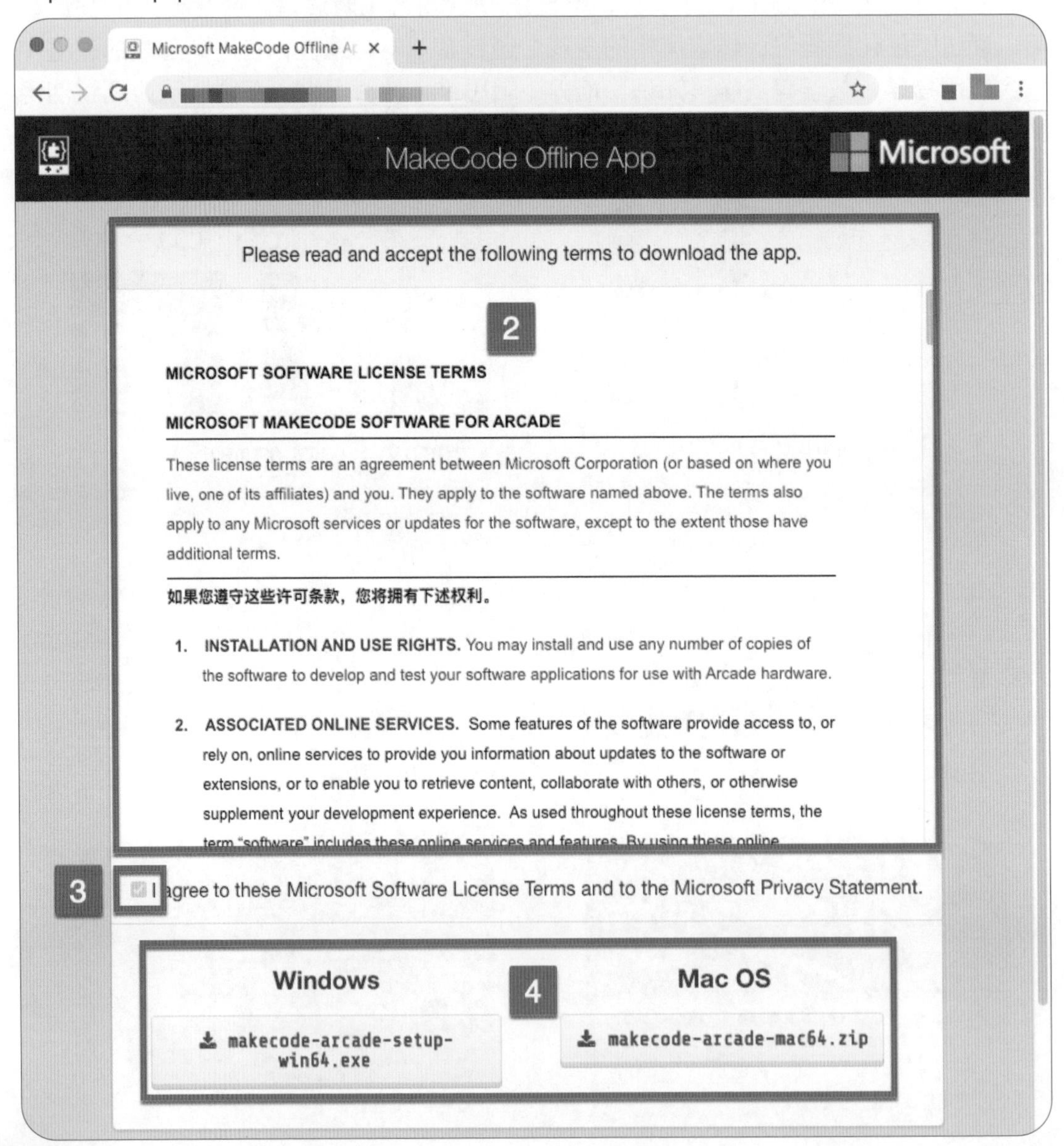

魔法演习

第 1 步：打开 MakeCode Arcade

打开浏览器，在顶部地址框输入 MakeCode Arcade 的网址（可在搜索引擎中搜索“MakeCode Arcade”），然后按下键盘上的回车键，进入 MakeCode Arcade 官方网站。

第 2 步：设置 MakeCode Arcade 的显示语言

进入 MakeCode Arcade 官方网站后，单击右上角的齿轮图标，在弹出的下拉菜单中单击“Language”，然后在出现的语言清单中单击“简体中文”。

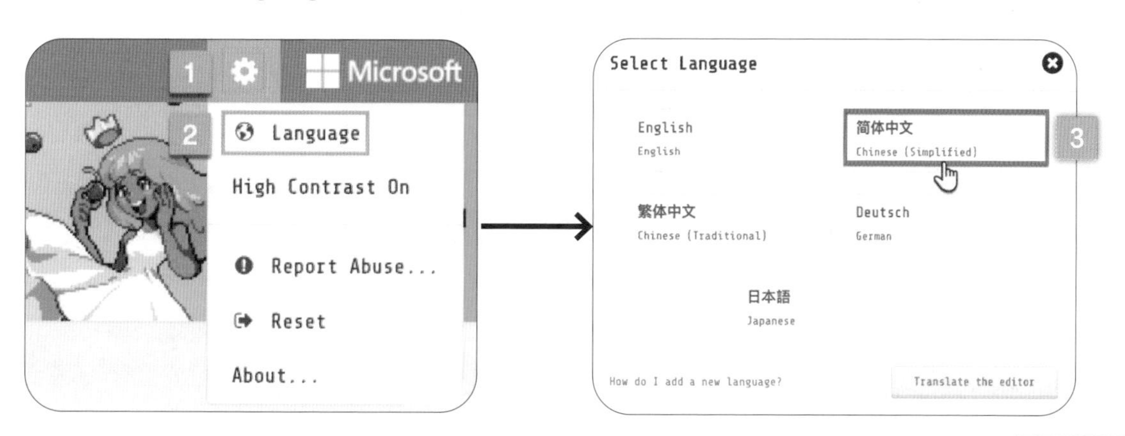

第 3 步：打开示例项目

设置显示语言为简体中文后，页面会自动回到 MakeCode Arcade 官方网站的首页，这时候我们就可以挑选好玩的游戏啦！首先向下滑动页面，找到“积木块类游戏”分栏，然后单击自己感兴趣的游戏图标，在弹出的界面中单击“打开示例”。

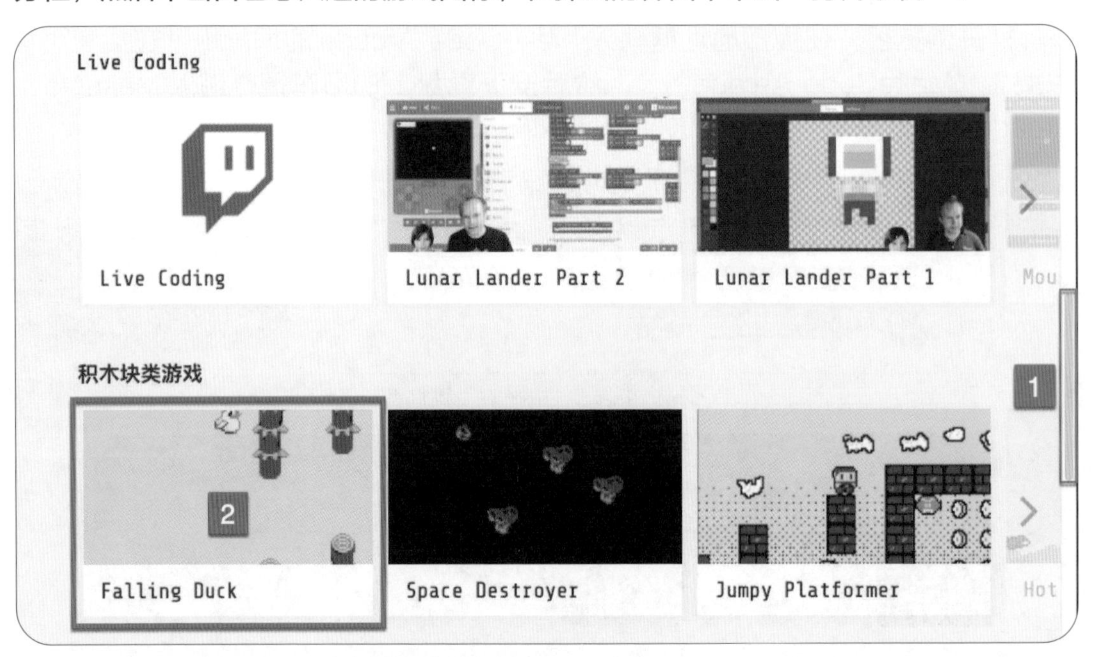

第 4 步：认识 MakeCode Arcade 编辑器

打开游戏后可以看到下图所示的编程界面，界面最上面一栏为菜单栏，中间左侧为模拟器，中间右侧是编程区，两者之间是积木库，底部从左往右分别为下载按钮、保存设置区、编程功能按钮。

1. 菜单栏：提供界面设置及文件操作相关功能。
2. 模拟器：模拟运行编程区中的程序。
3. 积木库：提供各种编程积木指令。
4. 编程区：用户在这里放置积木指令设计程序。
5. 下载按钮：单击此按钮可将编程区中的程序下载到硬件中。
6. 保存设置区：在这里可以设置程序名称、保存程序。
7. 编程功能按钮：在这里可以撤销某些操作、调整编程区缩放比例。

第 5 步：试玩 MakeCode Arcade 模拟器

MakeCode Arcade 模拟器会自动运行编程区当前的程序，我们既可以通过鼠标单击可编程方向按键、可编程按键 A、可编程按键 B（后面我们会省略“可编程”这 3 个字），也可以通过按键盘上对应的按键实现对游戏角色的控制。

在用模拟器玩示例游戏“Falling Duck”时，我们可以用鼠标单击按键 A 控制小黄鸭躲避柱子。

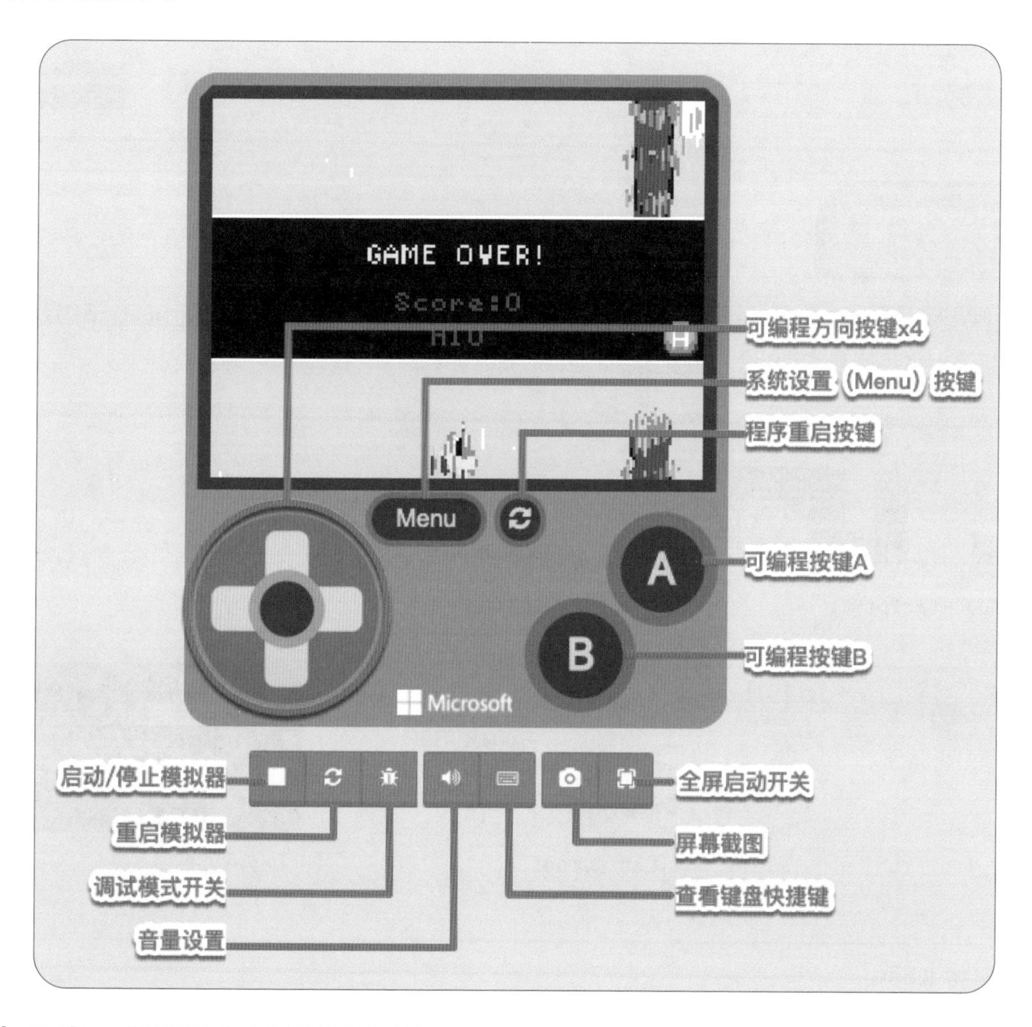

第 6 步：将程序保存到计算机

在保存设置区输入文件名，然后单击 [保存图标]，在弹出的对话框中，选择要保存的位置，最后单击“存储”。

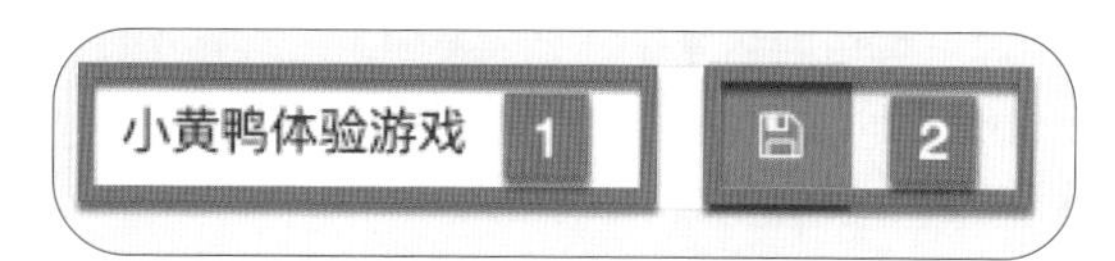

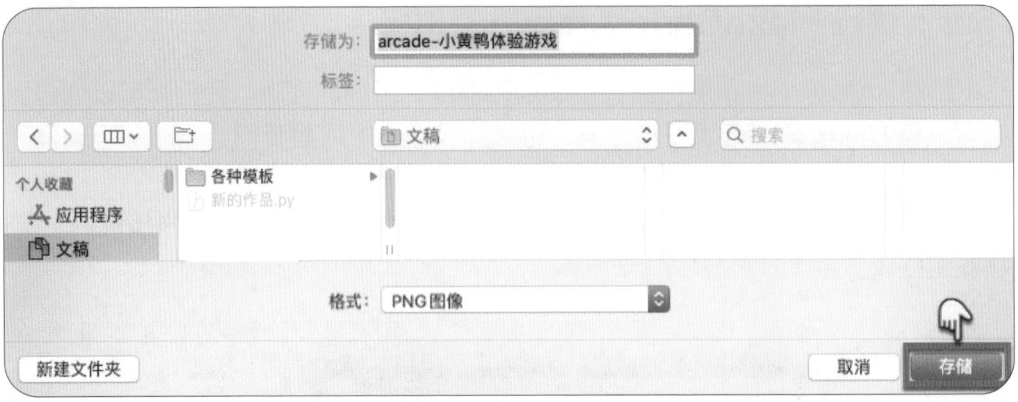

任务拓展

找到下列积木类示例程序，然后试玩至少两个游戏，找到模拟器上 6 个可编程按钮对应键盘上的哪些按键，并记录在下面的表格中。

Jumpy Platformer

Hot Air Balloon

Bunny Hop

Eat the Fruit

Cat Jumper

Level Up!

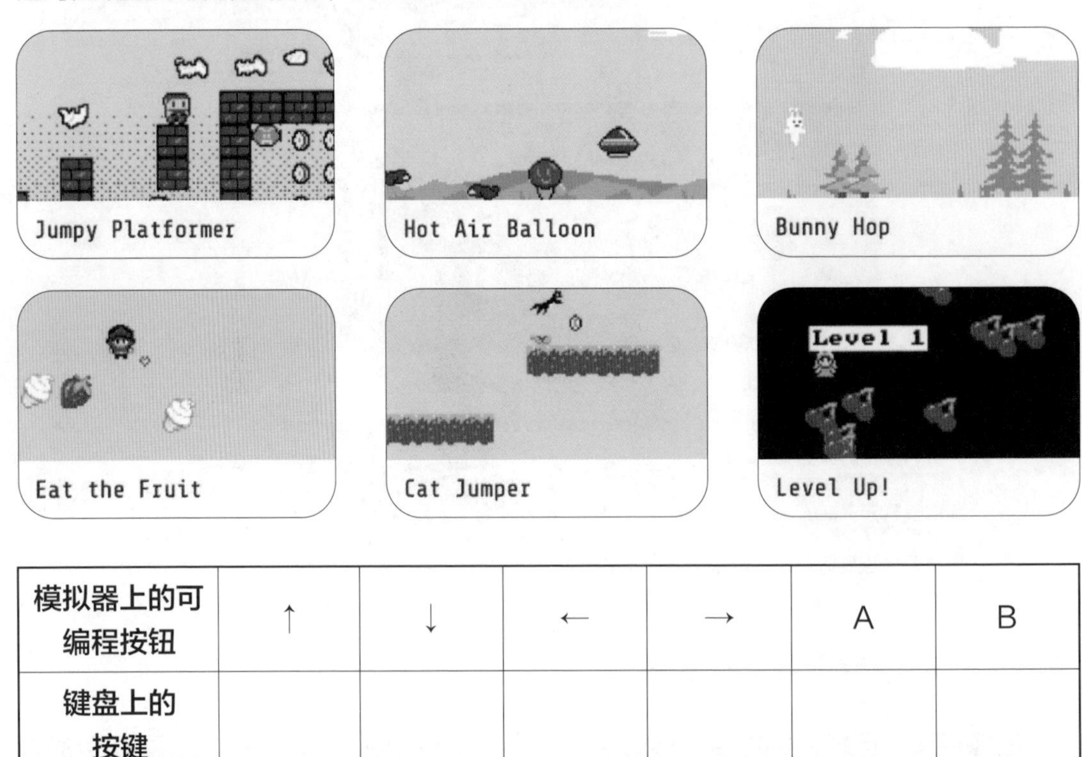

模拟器上的可编程按钮	↑	↓	←	→	A	B
键盘上的按键						

Tips：用鼠标左键单击 MakeCode Arcade 编程界面左侧模拟器下方的小键盘图标，可以查看答案哟！

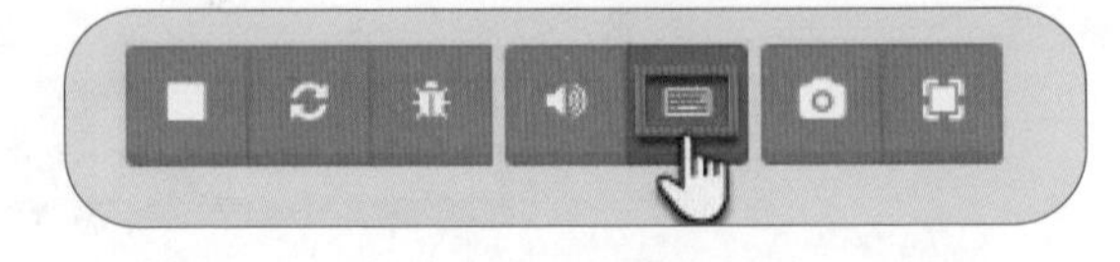

魔法考核

考核：单击哪个图标可以保存编程区的程序？（　　）	
A.	C.
B.	D.

魔法链接 :MakeCode

你有没有想过，MakeCode Arcade 中的 MakeCode 代表什么呢？实际上，微软公司在推出 Arcade 编程平台的时候，还有其他 6 个用于编程教学的平台。这些平台都属于 Makecode 平台的子平台，MakeCode 与 Arcade 的关系就像是书名与它里面某个章节的关系一样。Makecode 的另外 6 个平台如下。

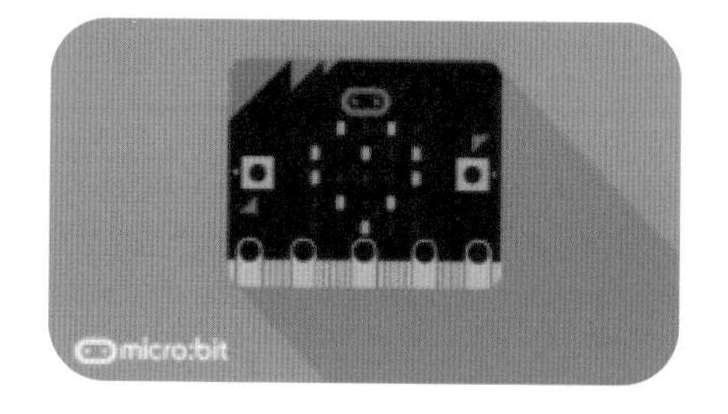

micro:bit 平台：该平台是针对英国 BBC 设计的微型教育计算机 micro:bit 开发的图形化硬件编程平台，通过编程，控制 micro:bit 自带的传感器或外接的传感器采集数据，控制连接在它上面的各种电子模块工作。

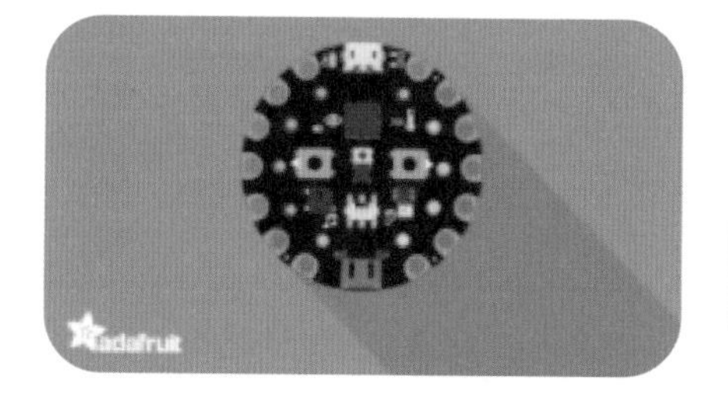

Circuit Playground Express 平台：该平台是为美国开源创客硬件公司 adafruit 的一款主控板设计的。我们可以通过编程，控制该主控板自带的传感器或外接的传感器采集数据，控制连接的各种电子模块工作。

Minecraft：该平台以一款风靡全球的像素风 3D 沙盒游戏《我的世界》（*Minecraft*）为载体，我们可以通过该平台给人物角色编写图形化脚本，从而一键实现各种有趣的功能，在给角色写脚本的过程接触各种编程知识。

LEGO MINDSTORMS Education EV3：该平台是为乐高的 EV3 设计的，以类似 Scratch 的积木编程方式，控制乐高相关传感器和执行类电子模块。该平台可让习惯 Scratch 类编程的学生更容易上手乐高编程。

Cue：该平台是为一款球状模块化机器人设计的，我们可以通过该平台给自己组合的机器人编程，控制机器人完成一系列任务。不过目前该平台改为跳转到硬件厂商，需要使用硬件厂商提供的相关工具才能正常使用。

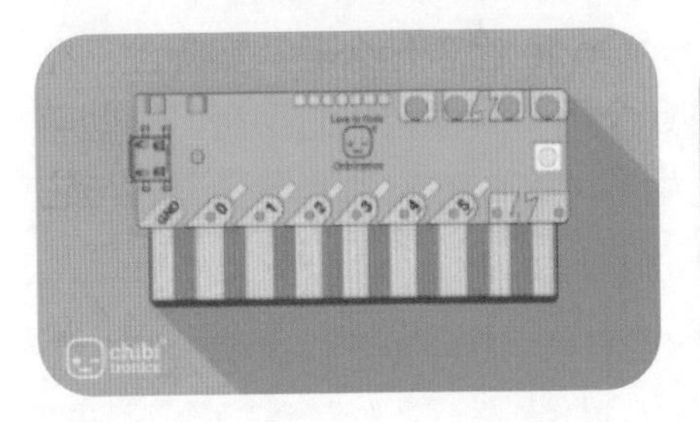

Chibi Chip：该平台是为一款面向低龄儿童的主控板 Chibi Chip 开发的，我们可以通过图形化指令，控制连接在它上面的元器件采集相关数据，或者执行某些操作，其语言栏没有中文选项。

本课小结

每次学习新的知识后及时总结，我们可以更加牢固地掌握知识。回想一下这节课你学会了些什么，根据自己的掌握情况给小鱼涂色，然后记录你的学习体验、有趣的想法。

课后评价及总结	
能够熟练打开 MakeCode Arcade 网站，设置编程语言。	
能够熟练使用键盘控制模拟器上的角色。	
能够熟练掌握模拟器各个按钮的功能。	
总结：	

附：魔法考核答案

D

第 2 课　魔法盒——喵比特

课程引入

宇宙如此浩瀚，喵喵星球只占据了宇宙的一个小小角落。只有在喵喵星球上才能直接将 MakeCode Arcade 里的魔法程序变为现实，那么魔法师们究竟是通过什么工具，跨越空间，在其他星球施放魔法的呢?

喵小灰的第二项准备任务就是学会使用这个神奇的工具——喵比特。让我们跟随喵小灰，一起掀开喵比特的神秘面纱吧!

任务发布

了解喵比特，掌握喵比特系统的设置方法、锂电池的连接方法等基本操作；将一个 MakeCode Arcade 游戏下载到喵比特中，并在不连接数据线的情况下试玩游戏。

魔法小课堂

神秘魔法盒——喵比特

喵比特是一款专为青少年设计的教育掌机，旨在以学生兴趣为出发点，用兴趣撬动学习激情，促进学生主动学习。它不仅支持 MakeCode Arcade 游戏编程，还支持使用 microPython、Scratch 风格的图形化编程软件 Kittenblock 控制。

下图所示为喵比特的结构及锂电池的安装方法，你可以按照图示给你的喵比特装上电池。如果你没有喵比特也没有关系，你可以使用模拟器完成后续课程的学习。

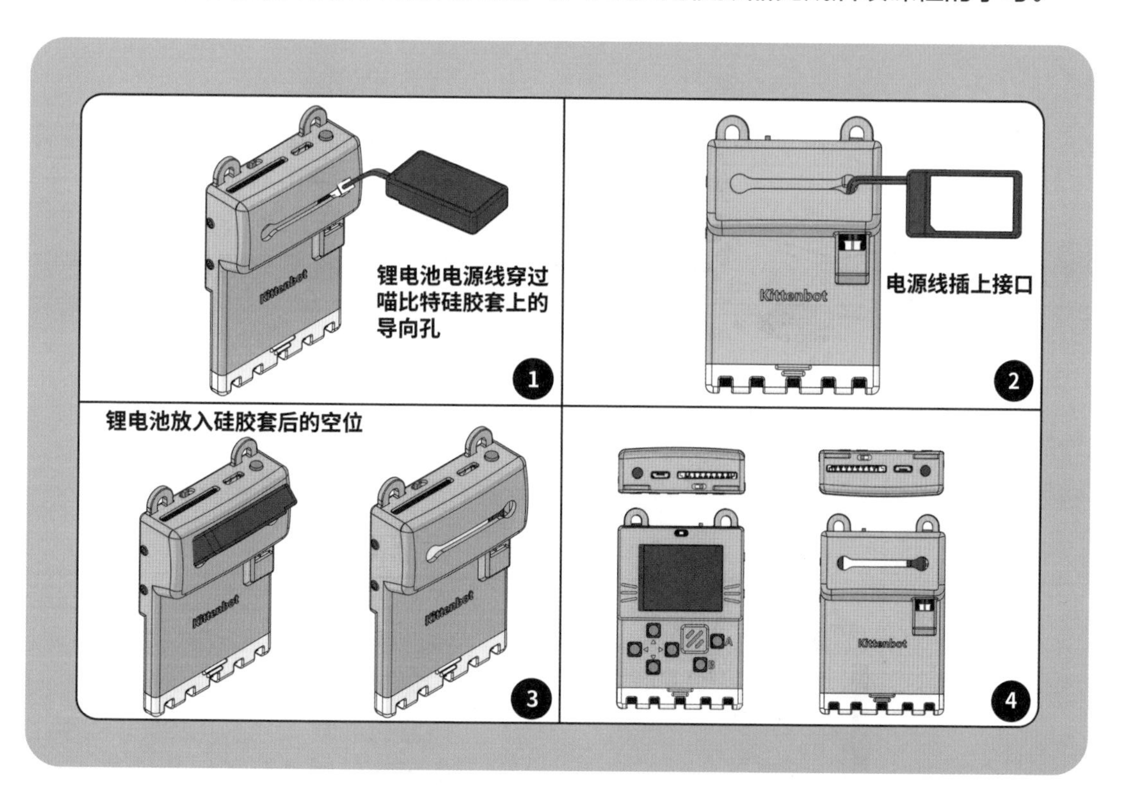

喵比特除了作为游戏掌机外，还可以作为机器人的主控板，它的“金手指”引脚与 micro:bit 的“金手指”引脚兼容，可以连接喵家的各类 micro:bit 扩展板，在 Kittenblock、micro:bit MakeCode 等编程平台使用。

下图所示为几种以喵比特为主控板，结合喵家扩展板及各种模块化元器件制作的创意硬件作品。

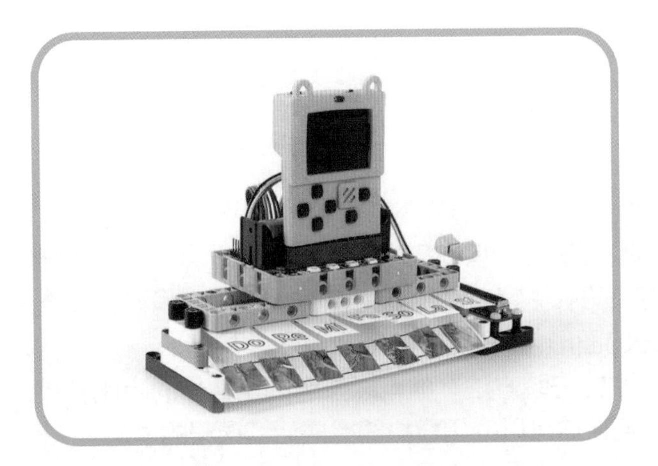

节奏大师

作品简介：这是一台神奇的指尖钢琴，虽然只有 7 个按键，但推动旁边的可调整音程的滑杆就可以改变按键的音调。

爱吃硬币

作品简介：这是一个可爱的储蓄罐，当有硬币放在它面前时，它会立刻张开大嘴，将硬币“吃”掉，并在屏幕上实时显示当前肚子里的钱币数。

投篮高手

作品简介：这是有趣好玩的投篮机，通过巧妙的机械结构，让篮板和篮圈能够不断左右移动，增加投篮的难度，你还可以编写程序让篮板和篮圈按照巧妙的规律运动，提高投篮趣味性。

魔法语言——固件

数据线在计算机和喵比特间建立了一个数据传输的桥梁，数据可以从计算机传输到喵比特上，但是喵比特怎样才能理解这些数据是什么意思呢?

在喵比特上有一个叫作“固件”的程序，它可以把计算机传输过来的数据转换为喵比特能够理解的形式。

就像我们的汉语经历了甲骨文、金文、大篆、小篆、隶书、楷书一样，计算机的语言也在不断改变，所以固件也会不断更新。

你需要使用 V2.8.0 及以上版本的固件，如果你是在 2020 年 8 月 20 日之前购买喵比特的，需要扫描下面的二维码，根据图文教程下载并更新固件。

魔法演习

第 1 步：连接计算机

拿出喵比特配套的数据线，按照下图所示，将喵比特连接到计算机上，并将喵比特顶部的开关拨动到左侧。

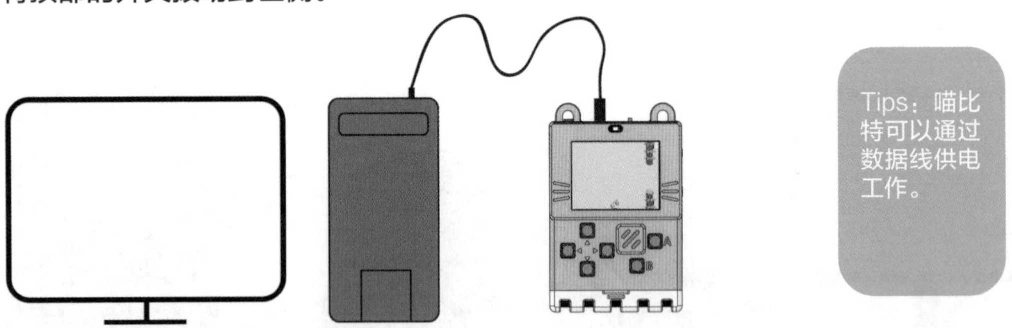

Tips：喵比特可以通过数据线供电工作。

第 2 步：切换为下载模式

喵比特有运行模式和下载模式，只有在下载模式时，我们才能将程序下载到喵比特中。

检查喵比特的屏幕，看看是否显示为下边左图所示 F4 界面（下载模式），若不是，则如下边右图所示先按住喵比特的按键 A，然后按一下右侧靠上的按键（程序重启按键），最后松开按键 A。此时喵比特的屏幕会显示为 F4 界面，进入下载模式。

Tips：在 F4 界面可以在图示框出来的位置查看固件版本，若版本号低于 V2.8.0，则需按照前面魔法小课堂的提示，更新固件。

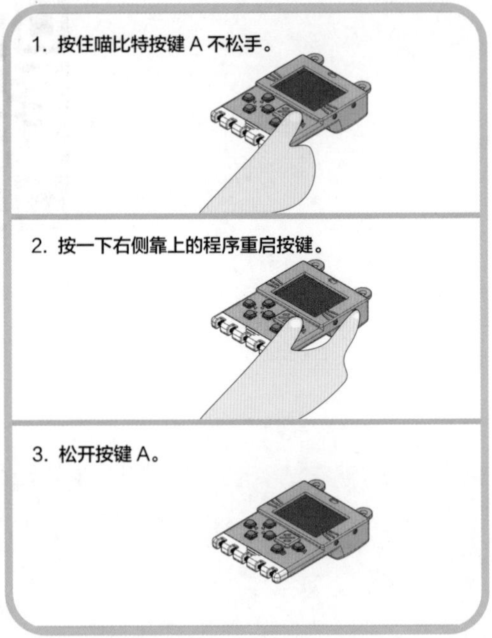

第 3 步：打开示例程序

参照上节课的步骤进入 MakeCode Arcade 官网，选择一个自己喜欢的示例程序，进入程序编辑页面，然后单击左下角的下载按钮，如下图所示。

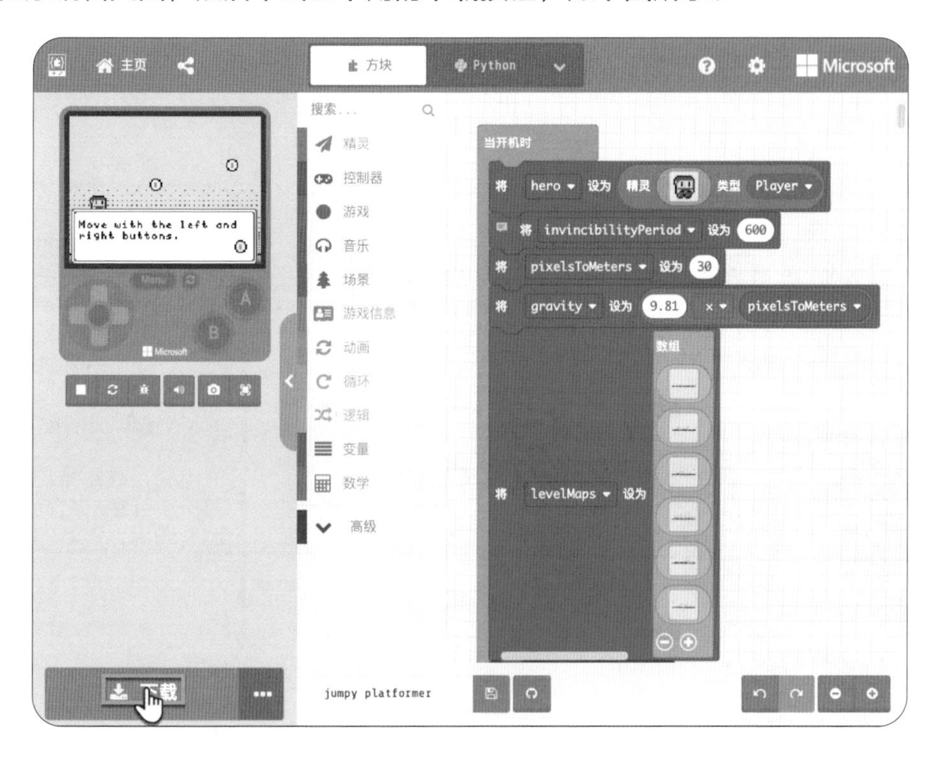

第 4 步：下载程序

在弹出的硬件选择页面中单击“Meowbit”，等待一段时间后，出现存储位置选择，将存储位置选择为“ARCADE-F4”磁盘，然后单击“存储”按钮。

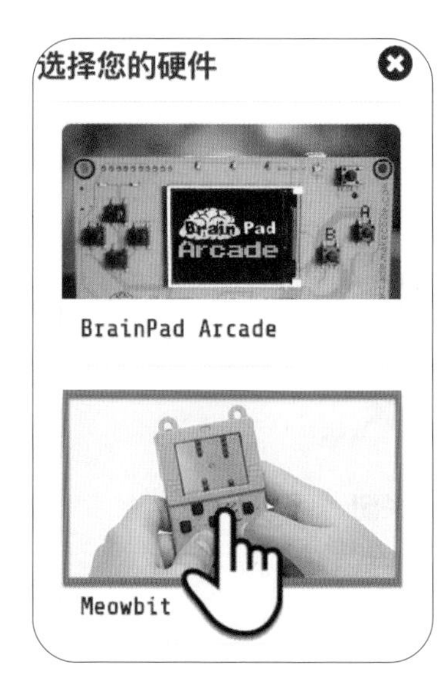

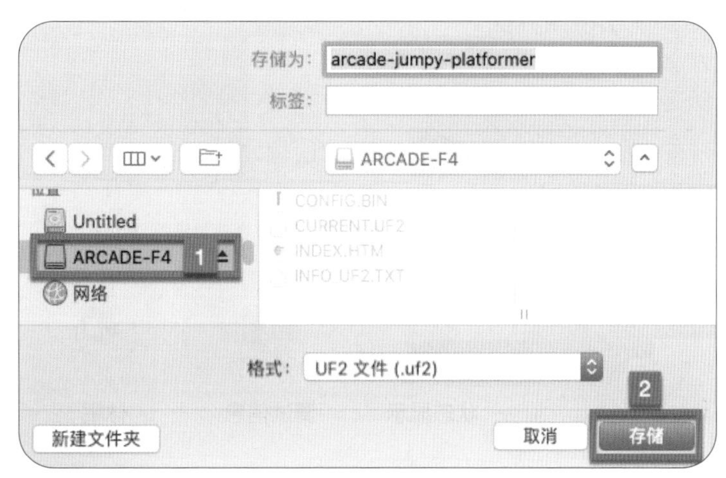

注意：每次重新打开 MakeCode Arcade 网页，第一次下载都需要选择硬件，从第二次开始就可以跳过选择硬件的环节啦！

第 5 步：掌机试玩

下载程序需要一些时间，下载完毕后，喵比特会自动从下载模式切换到游戏运行模式，在屏幕上显示游戏画面。

连着数据线玩总会有些不方便，此时你可以按照下图所示给喵比特装上可充电电池，这样你就能脱离数据线运行程序，把自己喜欢的游戏分享给更多的小伙伴。

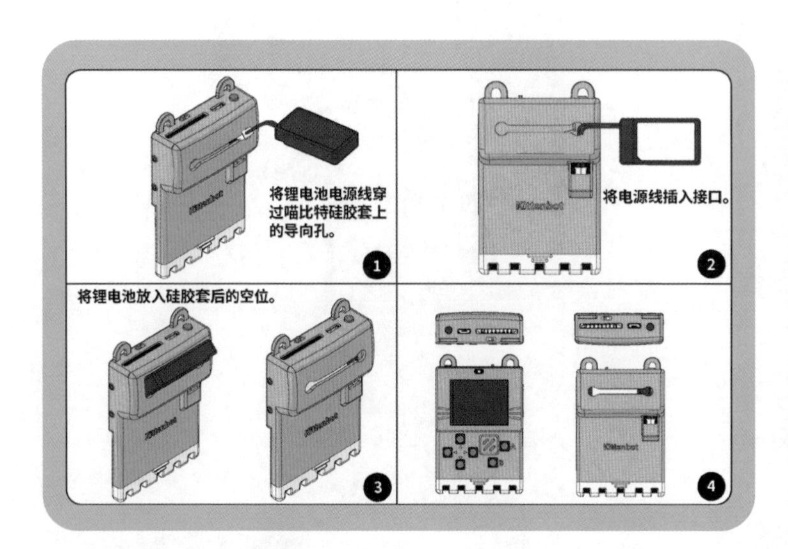

Tips1：如何给电池充电？
将喵比特顶部开关拨到右侧关闭状态，然后将喵比特通过数据线连接到计算机上，即可给电池充电。

Tips2：如何判断电池是否充满？
充电时，喵比特左上角会有一个红色的灯亮起，电池充满后，该灯的颜色变为绿色。

第 6 步：修改设置

使用时如果想要修改系统音量、屏幕亮度，可以在游戏运行时，即非对话状态下，按一下右侧第 2 个按键（系统设置（Menu）按键），在弹出的下图所示的设置框中，我们通过方向按键控制光标移到想要修改的选项，然后通过按键 A 确认调整，通过按键 B 退出设置界面。

任务拓展

试一试，如果单击下载按钮后，将下载位置选择为桌面，那么最终得到的程序，和通过保存按钮保存到桌面的程序有什么区别？把两个程序分别拖曳到 F4 模式下的喵比特中，喵比特的反应有什么不同？

我发现：

魔法考核

考核 1：下列关于喵比特的说法，错误的是（　　）。
A. 喵比特可以调整音量
B. 喵比特可以作为主控板连接喵家 micro:bit 扩展板
C. 喵比特可以连接到电视机上
D. 喵比特有两种工作模式

考核 2：简要写出将示例程序下载到喵比特中的过程。

魔法链接：小喵科技的魔法工具盒

小喵科技有限公司是我国最早系统开发 micro:bit 硬件生态、青少年人工智能硬件生态的企业。

公司旗下有 IObit、Armourbit、Robot:bit 等多款畅销国内外的教育扩展板，以及 Nanobit、Rosbot、Bridge、Meowbit、KOI、呱比特等教育主控板。

难能可贵的是，小喵科技立足教学一线的需求，持续开发、迭代了具备领先人工智能插件、物联网插件的编程平台——Kittenblock。

随着教育教学需求的变化，小喵科技还开发了呱比特学习套件、能量模块学习套件、AIot 学习套件、卫生防疫学习套件等一线教师急需的教具。

在不断的摸索中，小喵科技探索出了一套模式化教学体系，并以此模式结合硬件产品，设计了大量高质量的课程，免费提供给所有购买硬件的老师，帮助更多的老师更好地开展少儿编程、人工智能、机器人教育。

本课小结

每次学习新的知识后及时总结，我们可以更加牢固地掌握知识。回想一下这节课你学会了些什么，根据自己的掌握情况给小鱼涂色，然后记录你的学习体验、有趣的想法。

课后评价及总结	
知道喵比特各个按钮的名称和功能。	
能够熟练地切换喵比特的工作状态。	
能够调整喵比特的声音音量和屏幕亮度。	

总结：

附：魔法考核答案

第 1 题：C

第 2 题：在前面的步骤里找找看！

第 3 课 喵星精灵

课程引入

喵小灰完成了前两项准备任务后，发现自己还是不能进入魔法世界，正当喵小灰有些担忧和焦虑时，喵老师带来了第三项准备任务！

原来，要想施放魔法，还需要在虚拟世界中创建一个虚拟的自己。这最后一个准备任务就是在 MakeCode Arcade 中创建一个代表自己的角色（称作精灵），后面的考核会与这个虚拟的小人有关。

接下来就让我们和喵小灰一起在 MakeCode Arcade 世界中创建一个精灵吧！

任务发布

创建一个 MakeCode Arcade 程序，在程序中新建一个精灵，并通过方向按键控制精灵移动。

魔法小课堂

创建精灵

每个游戏中都会有各种各样的人物、物品、动植物等，这些都是游戏中的角色，MakeCode Arcade 把它们称作“精灵”。在 MakeCode Arcade 中，我们将“精灵”指令库中的相应指令拖曳至“当开机时”指令内部，就可以在开机时直接创建精灵，如下图所示。

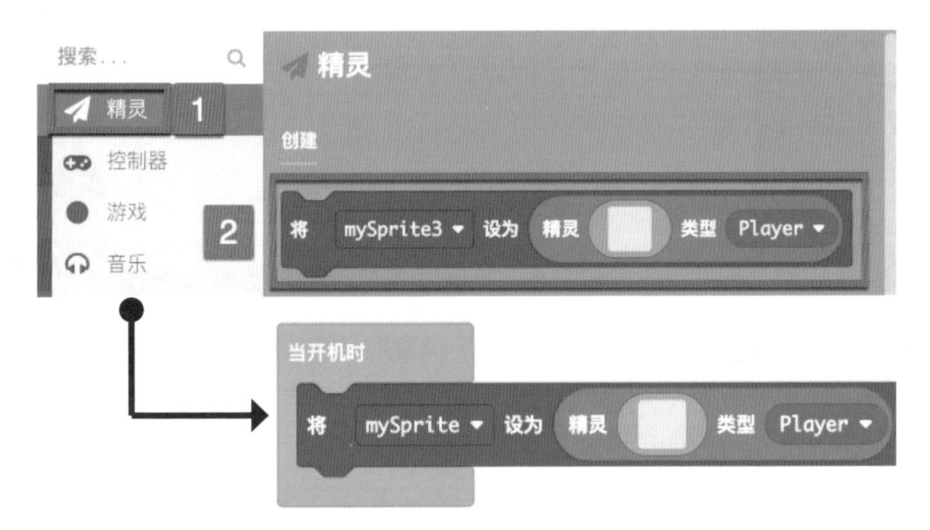

下图所示的指令可以创建精灵，并设置精灵的名称、外观、类型。在设置精灵的外观时，我们可以通过 MakeCode Arcade 自带的编辑器，绘制独一无二的外观，也可以直接选择系统自带的图库中的图片。

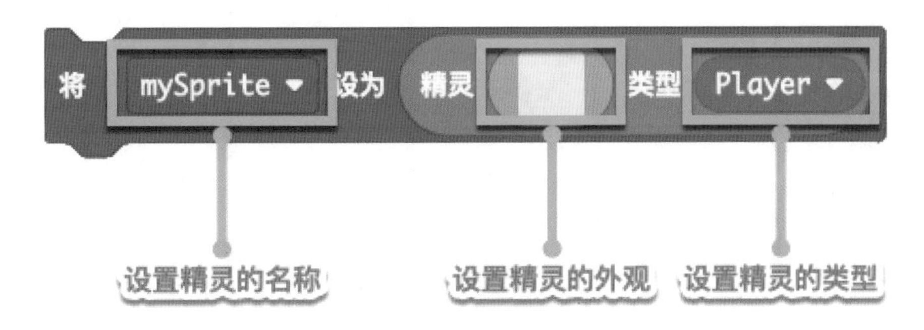

单击“ 将 mySprite 设为精灵 类型 Player”指令中灰白色的精灵外观设置框，打开如下图所示的精灵外观编辑器。在绘制精灵外观时，首先使用鼠标单击“画笔尺寸”，然后选择需要的绘图工具，设置画笔颜色，最后在中间的绘图区绘制想要的造型。

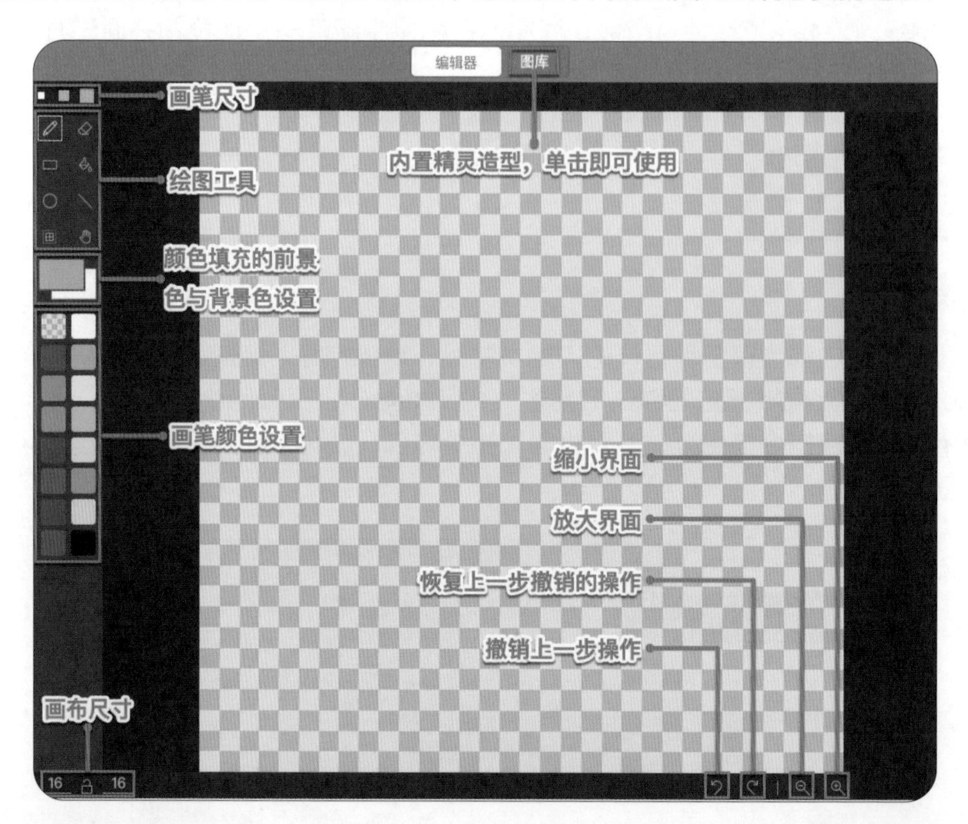

除了自己绘制精灵外，还可以如下图所示单击“图库”选项卡，在弹出的内置图库中选择合适的图片，然后单击图片将它自动加载到编辑器，最后单击“完成”按钮即可引用该图片作为精灵的造型。

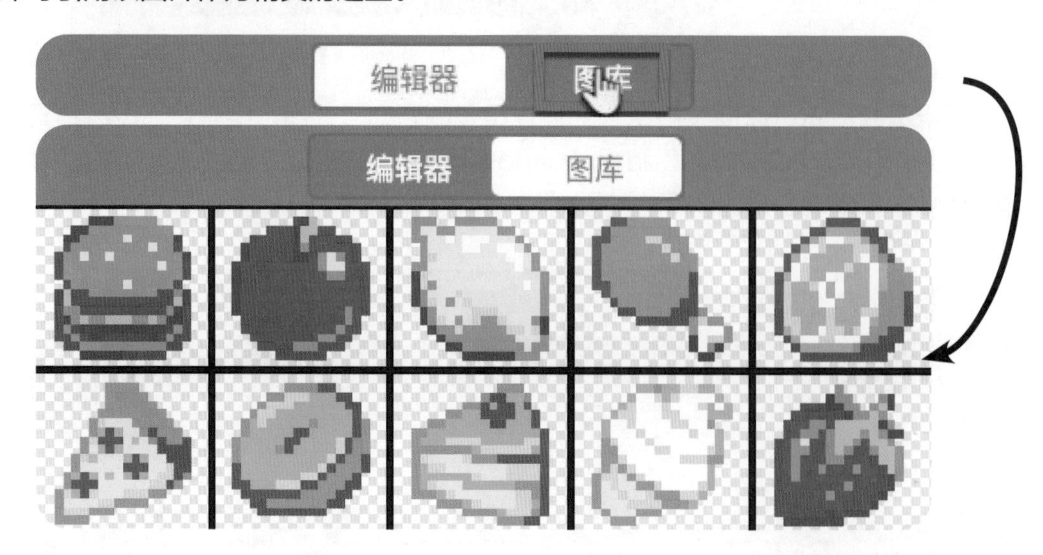

控制精灵

我们通常需要控制游戏中的精灵移动。在 MakeCode Arcade 的“控制器”指令库中，有一个“使用按键移动 mySprite”指令，我们创建精灵后，使用该指令，就可以通过方向按键控制对应名称的精灵移动。

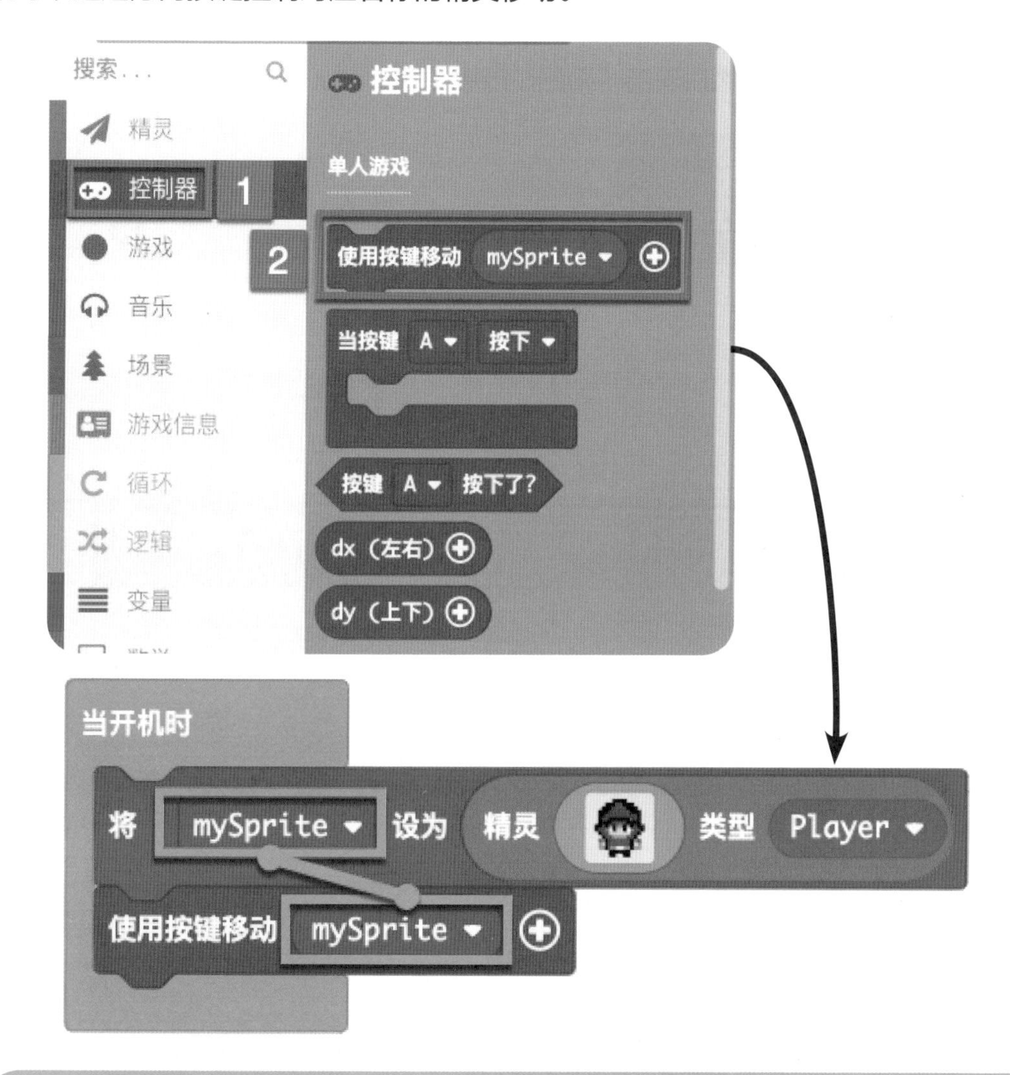

Tips：在使用按键控制精灵移动时，必须要确保两个指令中精灵的名称相同；每按一下方向按键，精灵就移动一次，且每次精灵移动的距离是相同的；按住某个方向键，精灵会不断向那个方向移动。

魔法演习

第 1 步：新建项目

打开 MakeCode Arcade 官网，然后单击首页的“新建项目”图标，在弹出的页面中输入程序的名称，然后单击“创建”按钮。

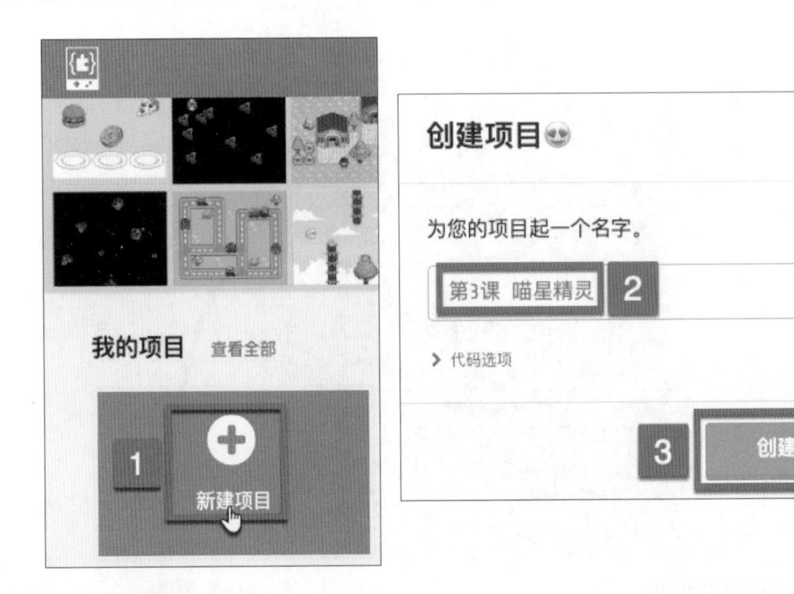

第 2 步：创建精灵

在“精灵”指令库中找到“将 mySprite 设为精灵 类型 Player”指令，并将该指令拖曳至编程区的“当开机时”指令内部，这样程序就会在开机时，创建一个精灵。

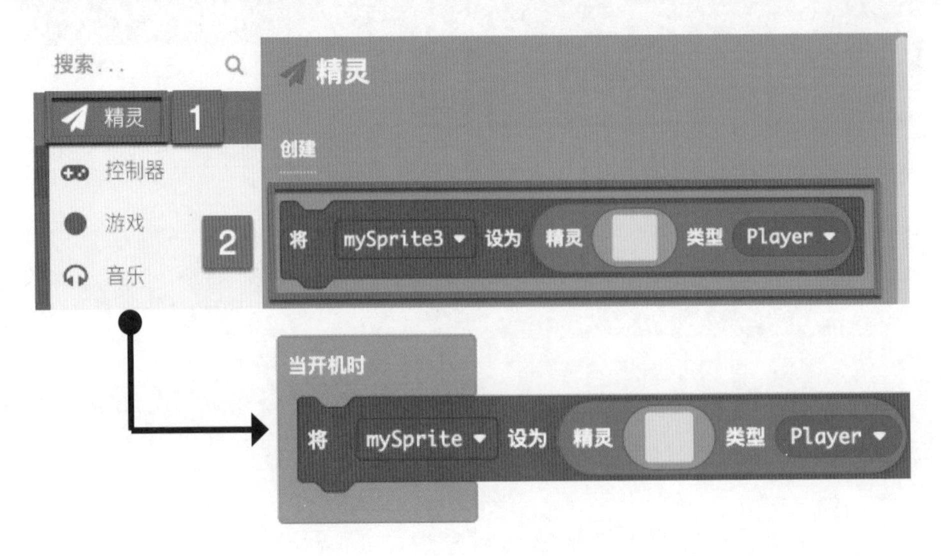

第 3 步：修改精灵名称

通常来讲，为了避免混淆精灵，方便后续调用精灵执行相应程序，我们需要根据游戏剧情给精灵设置名字。如下图所示，单击“mySprite”下拉框，在弹出的列表中选择“新变量”，然后在弹出的页面中输入自己的英文名（这里用的是 Rico），单击“确定”按钮。

第 4 步：确定精灵造型

如下图所示，单击灰白色精灵外观设置框，在弹出的精灵外观编辑器中绘制或在内置图库中选择一个自己喜欢的精灵造型，作为自己进入 MakeCode Arcade 世界的形象。

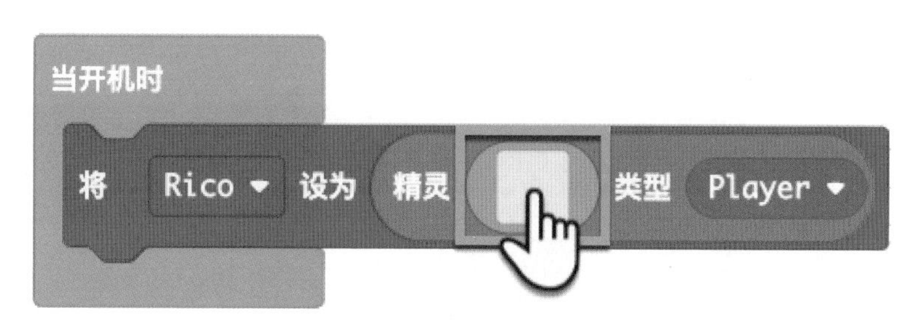

第 5 步：确定精灵类型

游戏中的角色有很多种类，比如道具、玩家控制的人物、敌人、食物等，MakeCode Arcade 也可以给角色（即精灵）设置种类。一般我们把玩家控制的精灵设置为默认类型“Player”（玩家），其他类型将在后面的章节中逐步讲解，如果你感兴趣，可以先自己探索一下。

第 6 步：移动控制

从“控制器”指令库中找到“使用按键移动 mySprite”指令，并将其拖曳至创建精灵指令下方，然后单击“mySprite”下拉框，在弹出的精灵列表中选择刚才创建的精灵。

第 7 步：测试程序

确保左侧模拟器处于运行状态，即左下角图标为正方形而不是三角形，且模拟器不是灰色的。使用鼠标单击模拟器的方向按键，查看精灵是否按照相应方向移动。

模拟器正在运行

模拟器停止运行

第 8 步：下载程序

使用数据线连接喵比特，打开喵比特的开关，按照上一节课的步骤让喵比特进入下载模式，即屏幕显示 F4。单击 MakeCode Arcade 界面左下角的“下载”按钮（见下图），下载地址选择“ARCADE-F4”磁盘，然后在喵比特上测试是否可以通过方向按键控制精灵在屏幕上运动。

第 9 步：保存程序

确定程序没问题后，按照第一节课的步骤，单击 MakeCode Arcade 界面底部的 图标，将程序保存到计算机中。

任务拓展

试一试，创建一个火柴人精灵，自己绘制火柴人的外观，具体可参考下图。

魔法考核

考核 1：下列说法正确的是（　　）。
A. 精灵的类型有且只有 4 种
B. 每个游戏里都只能有 1 种精灵
C. 只有能够运动的才是精灵
D. 可以通过方向按键控制精灵移动

考核 2：简要写出创建精灵并控制其移动的过程。

魔法链接：像素

图像是由许多像素组成的，像素的数量决定了图像在屏幕上所呈现的大小。喵比特点阵屏的宽度为 160 像素，高度为 128 像素。在绘制精灵时，精灵默认为长 16 像素，宽 16 像素。

通过设置像素的颜色，我们可以绘制出各种各样的图案，下图所示为像素图案。

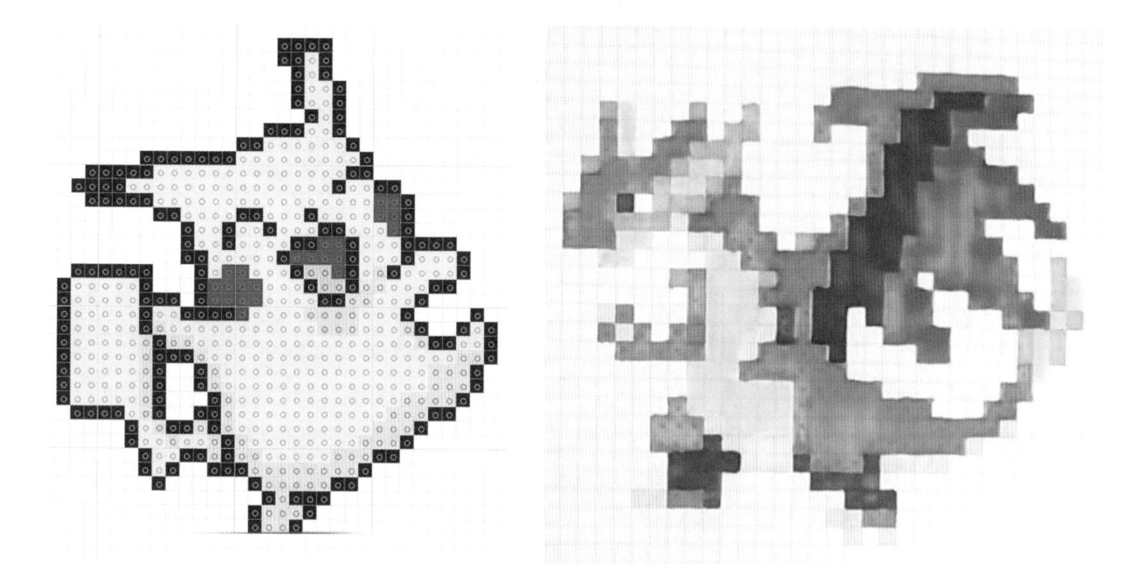

图案的宽度像素值和长度像素值越大，看起来越清晰，也就是人们常说的分辨率越高。下图左侧为低分辨率的图片，右侧为高分辨率的图片。

本课小结

每次学习新的知识后及时总结，我们可以更加牢固地掌握知识。回想一下这节课你学会了些什么，根据自己的掌握情况给小鱼涂色，然后记录你的学习体验、有趣的想法。

课后评价及总结	
掌握精灵造型设计常用工具的使用方法。	
能够从图库中调用自己喜欢的造型。	
掌握程序的新建、修改、下载、保存等操作方法。	

总结：

附：魔法考核答案

第 1 题：D

第 2 题：在前面的步骤里找找看！

第 2 章 入学考试

喵小灰经过不断的努力，终于以优异的成绩完成了 3 个任务，顺利获得入学考试的资格。只要通过了这次入学考试，喵小灰就可以到喵星学院学习各种神奇的魔法了。

为了避免恶魔入侵后对普通星球造成伤害，魔法师经常需要快速构建一个虚拟世界，然后通过魔法将虚拟世界投射到现实中，困住恶魔，最后在虚拟世界中消灭恶魔。

如果谁能够创建一个高质量的虚拟世界，那么他将在抵御恶魔的过程中起到更大的作用。

这次入学考试就是由此出发，要求每位考生创造出一个尽可能完整的遗迹世界，最后喵星学院会根据遗迹世界的完整程度录取优秀的学生。

第 4 课 创建遗迹

课程引入

创建一个遗迹世界，首先要做的是制作一张遗迹的地图，确定遗迹有多大，哪些地方可以行走，哪些地方不能行走。

一张优秀的遗迹地图，需要经过不断的打磨。接下来就让我们跟随喵小灰的脚步一起学习如何在 MakeCode Arcade 世界中创建遗迹吧！

任务发布

扫码查看参考程序

设计一张遗迹地图，并在 MakeCode Arcade 中制作出来，制作完毕后创建一个玩家精灵，并将它放置在遗迹入口处。

魔法小课堂

图块地图指令

MakeCode Arcade 在地图设计上，支持我们像拼拼图一样，用各种小图块拼成完整的大地图。具体设置方法是，从“场景”指令库中找到“设置图块地图为……”指令，将其拖曳到编程区“当开机时”指令内。

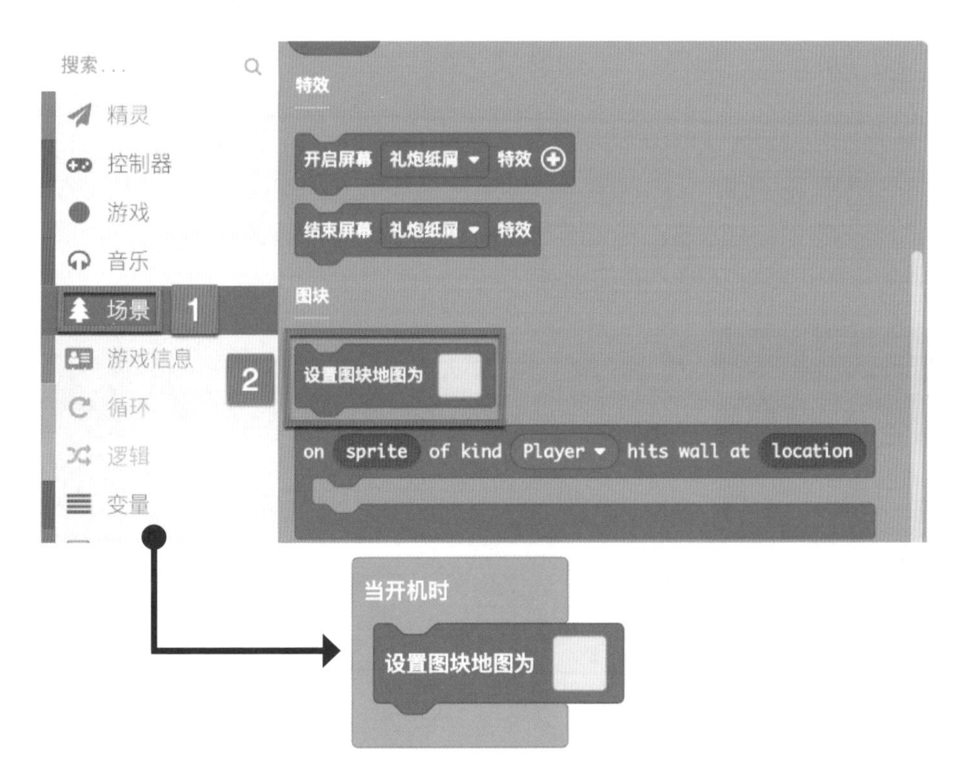

单击“设置图块地图为……”指令中的灰白色方块，在弹出的图块地图编辑器中进行地图设计。

下图所示为图块地图编辑器，我们可以使用左侧工具栏中的工具进行地图设计。

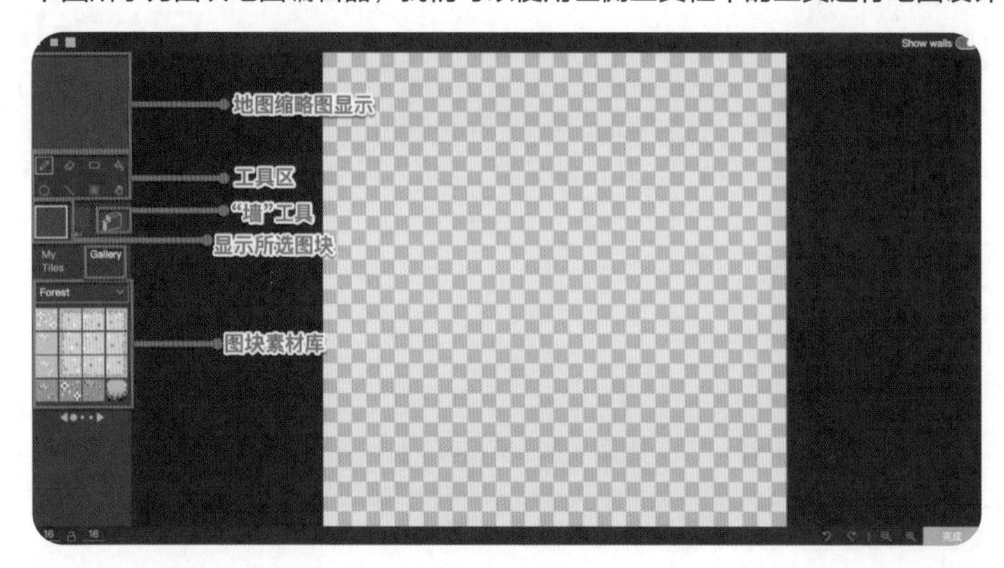

地图绘制示范

1. 绘制底层土地。如下图所示，首先修改地图尺寸为 12 图块 ×12 图块（每个图块的尺寸都是 16 像素 ×16 像素），然后选择要填充的图块，再选择填充工具“Fill Tool”（填充整个选中区域，若无选中区域则默认选择所有连在一起的同类图块），最后在画布中单击鼠标左键，完成填充。

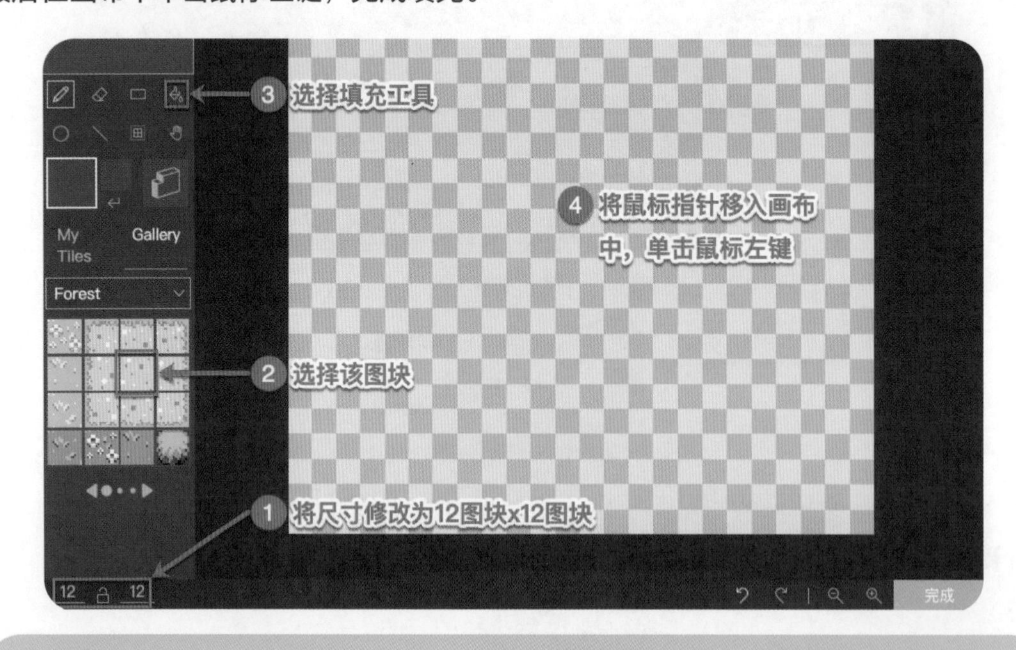

注意：喵比特屏幕长 10 个图块，宽 7.5 个图块，当地图尺寸大于这个尺寸时会显示从地图左上角起该尺寸（10 图块 ×7.5 图块）范围内的图块。

2. 绘制障碍物灌木林。首先选择灌木图块，然后选择画笔工具“Paint Tool”（每次绘制一个图块），在画布中想要放置灌木的地方单击鼠标左键，即可在该位置绘制灌木图块。如果要绘制一整行，可以按住鼠标左键在画布上拖动。

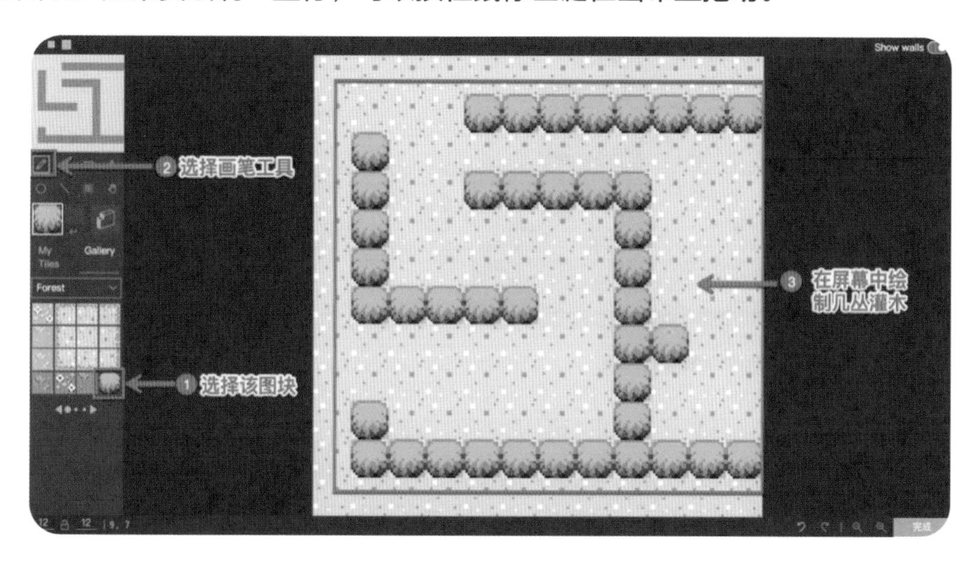

3. 橡皮擦工具“Erase Tool”的使用方法：如果不小心绘制错了，可以用橡皮擦工具擦除错误的部分，重新绘制图块。

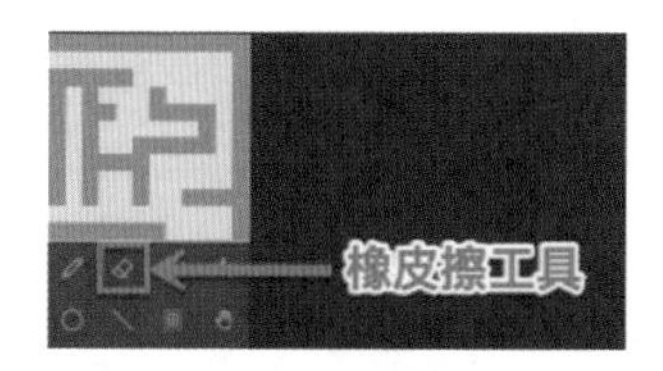

4. 设置墙壁。如果想要实现角色撞到地图上某些图块后无法穿透的效果，可以使用“画墙”工具“Draw walls”。如下图所示，先选择“画墙”工具，然后在画布上选择要作为墙的图块，使用鼠标左键单击这些图块。

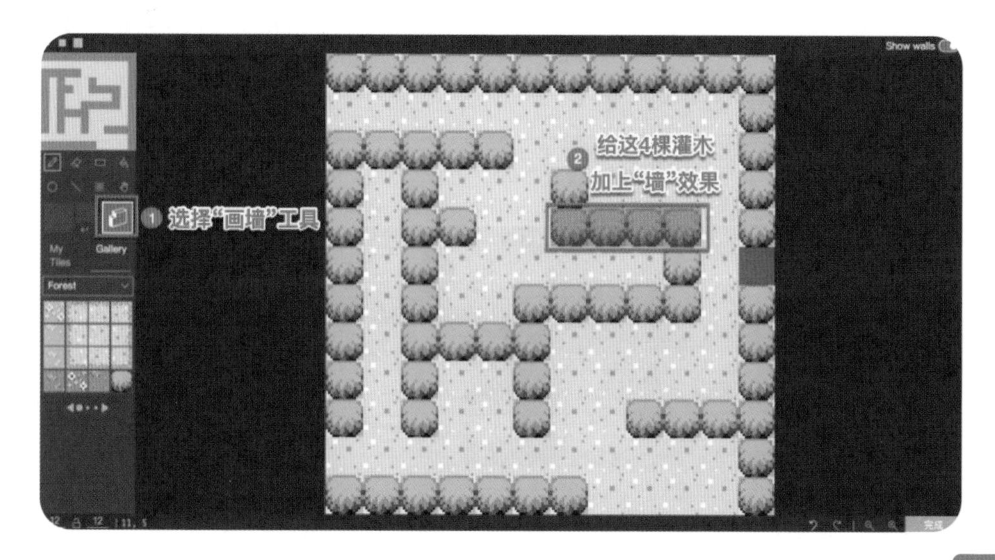

5. 测试地图。创建一个可由方向键控制的精灵，控制它在地图上穿越加了墙和没有加墙的灌木丛，看看有什么区别。

6. 设置镜头。控制精灵移动时可以发现，精灵移动到屏幕右边和下边会消失，为了避免出现这种情况，可以从“场景”指令库中找到“镜头跟随精灵 mySprite 移动”指令，将其拖曳至“当开机时”指令内部。完成设置后控制精灵移动，会发现精灵始终在屏幕里，画面随着精灵的移动而发生改变。

魔法演习

第 1 步：规划遗迹

一般在设计游戏地图时，需要先在纸上进行初步的规划，确定地图的尺寸、哪些地方可以通行、哪些地方需要添加墙。

除此之外，遗迹里的宝藏、居住在遗迹中的生物、它们在遗迹的位置，也要在规划遗迹时确定。

下图所示为遗迹地图示例，你可以在下一页的网格纸上设计自己的遗迹地图（网格纸一格代表一个 16 像素 ×16 像素的图块）。

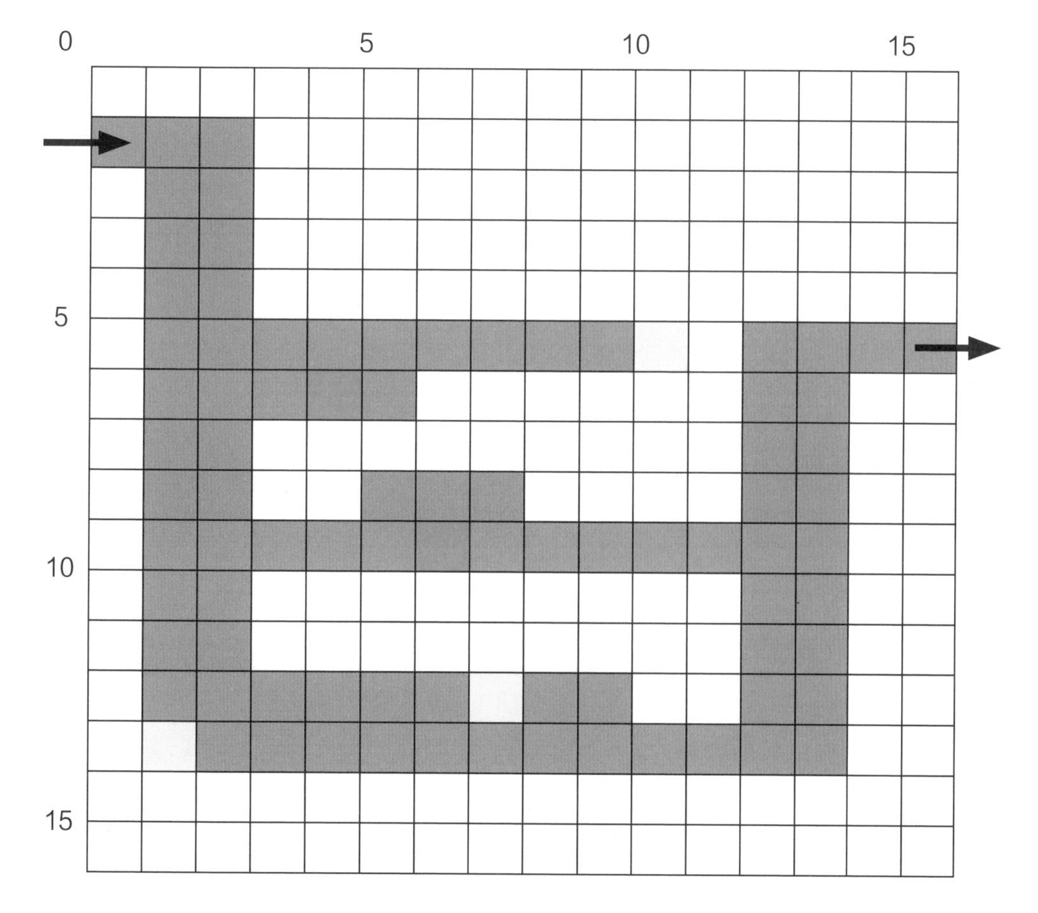

备注：
绿色：可通行区域
黄色：宝藏
蓝色：遗迹生物
箭头：左侧为入口，右侧为出口
空白区：不可行走区域

Tips：设计地图时可以在边缘留下空白行、列，以避免地图干涉后无法调整。地图干涉指设计的行走间隙比玩家精灵宽度窄，导致玩家精灵无法通过，此时把地图向预留的空白区域移动即可解决问题。

第 2 步：新建项目

新建项目，将其命名为“第 4 课 创造遗迹”，将“设置图块地图为……”指令拖曳到“当开机时”指令内。

单击“设置图块地图为……”指令中的灰白色方块，进入地图编辑器。

第 3 步：设置地图

单击左侧图块库中的“Forest”，在弹出的列表中选择“Dungeon”，然后根据自己设计的地图，修改地图的长度、宽度。

第 4 步：设置运动区域

如上边右图所示，根据自己设计的地图，填充运动区域，将宝藏和遗迹生物区域留白。

第 5 步：设置其他物品

如下图所示，在入口放上梯子，在出口放上楼梯，在有宝藏的地方放上藏宝箱，在要放遗迹生物的位置用一些特殊的图块进行标示。

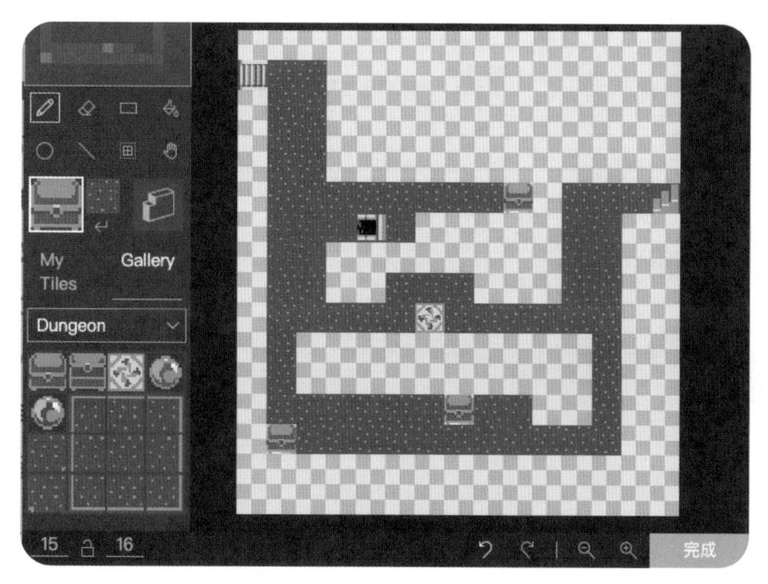

第 6 步：填充墙壁

选用墙壁图块填充剩余的不可移动区域，然后将这些区域设置为“墙”。

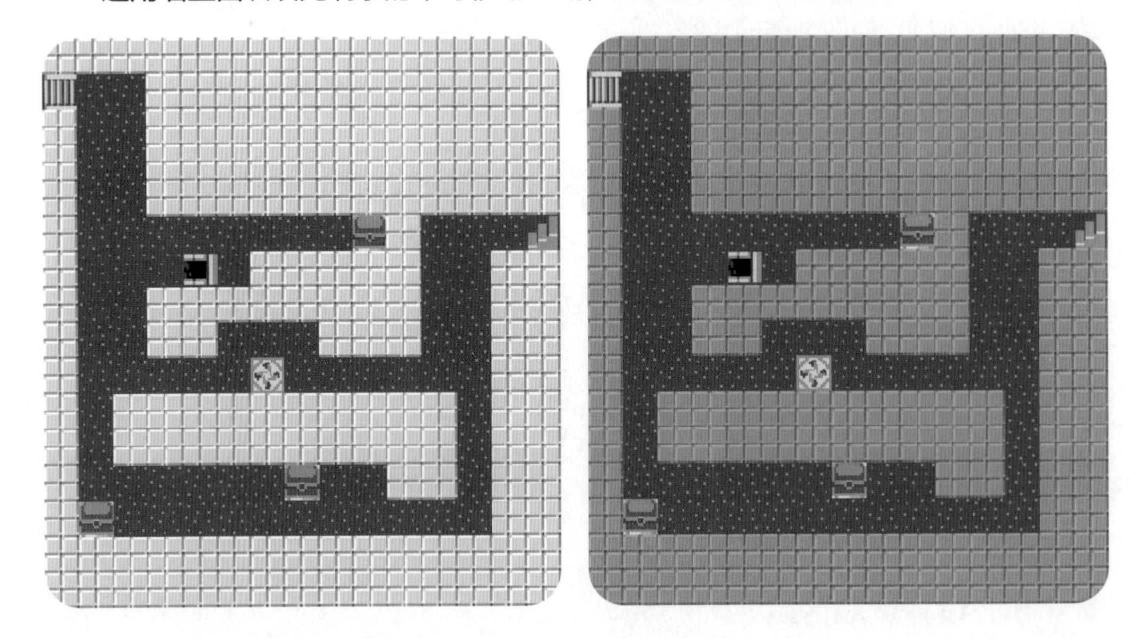

第 7 步：编写用按键控制玩家精灵移动的程序

新建 Player 类型的玩家精灵，并用按键控制其移动，镜头也跟随玩家精灵移动。在左侧模拟器中，通过方向按键控制玩家精灵移动，观察是否有需要优化的地方。

第 8 步：玩家精灵位置优化

在模拟器中运行程序后，我们发现玩家精灵最开始并不在入口处，而是在墙壁中。此时，我们可以在“场景”指令库中找到“放置 mySprite 到随机位置的图块……上面”指令，将其拖曳至现有程序底部。

将精灵选择为我们创建的玩家精灵（这里是 Rico），将图块选择为地图入口处的梯子图块。

第 9 步：下载与存储程序

在模拟器中运行没问题后，我们将程序下载到喵比特中，若运行效果符合预期，则将程序保存到计算机中。

任务拓展

试一试，修改地图，在地图上增加一个雨林区，地面材质为土壤，宝物为龙珠，参考图如下。

魔法考核

考核 1：图块地图内置的图库有几大类？（　　）
A.1
B.2
C.3
D.4

考核 2：图块地图编辑器如下图所示，此时用鼠标左键在画布正中心单击一下，会发生什么？（　　）

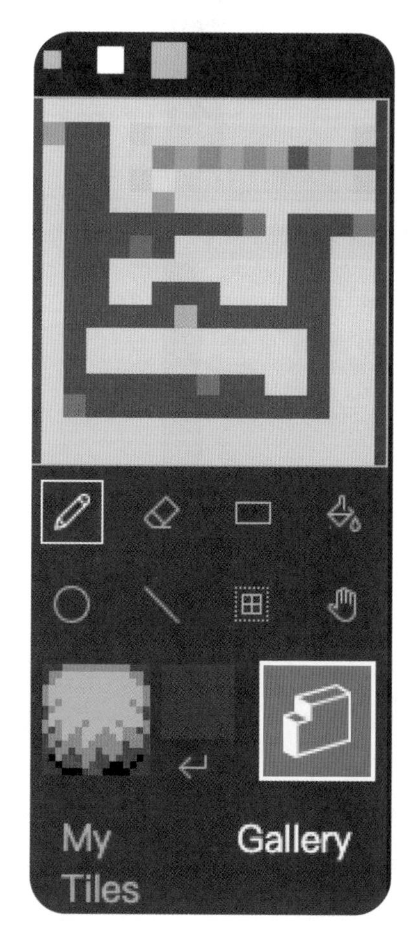

A. 中间区域的 1 个图块被设置为树
B. 中心区域的 9 个图块被设置为树
C. 中间区域的 1 个图块被设置为“墙”
D. 中间区域的 9 个图块被设置为“墙”

魔法链接：图块地图像素计算

下图所示分别为新建精灵 / 图块地图时，3 种尺寸的画笔在画布上绘图的图案。两者左下角设置的尺寸均为 16 × 16，在画面中位置如下图所示。

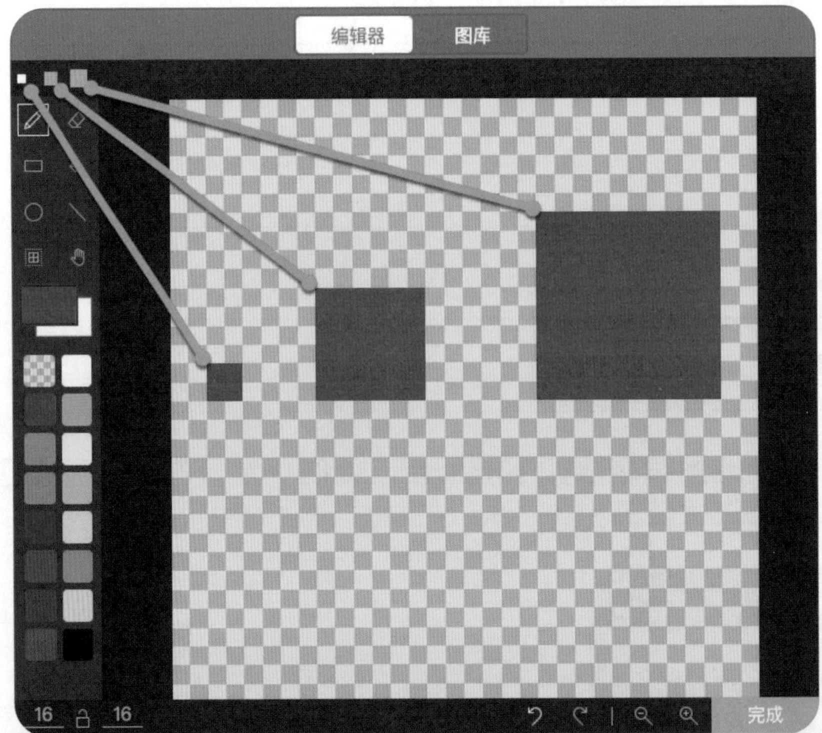

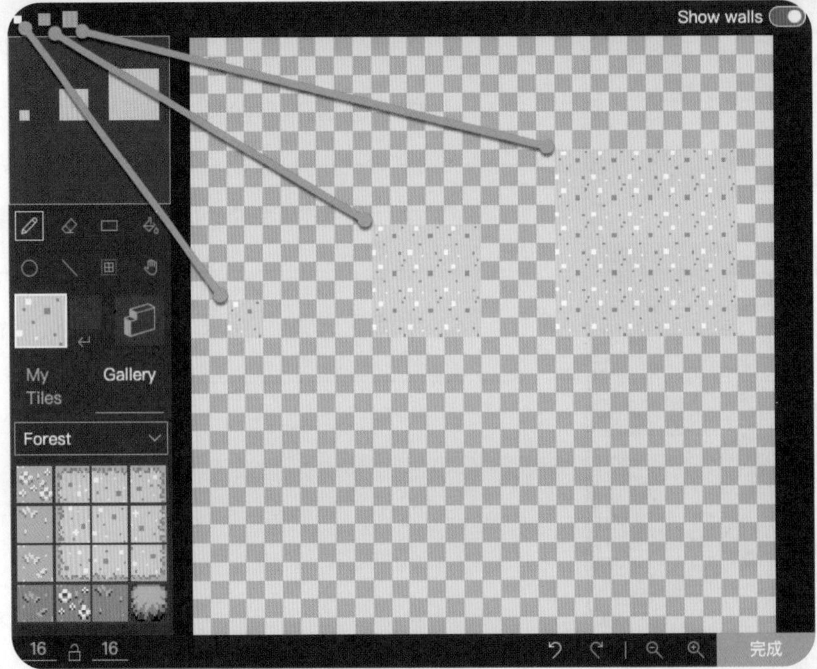

左图所示为该图块地图与该精灵在喵比特屏幕上显示的情况。

由图可知，两者的显示大小差很多。

这两个 16 × 16 尺寸间的换算关系是怎样的呢?

实际上，在精灵绘制画布中的 16 × 16，代表的是长 16 像素、宽 16 像素，而在图块地图绘制画布中的 16 × 16，代表的是长 16 图块、宽 16 图块，而每个图块长 16 像素、宽 16 像素，换算一下，16 图块 × 16 图块也就是 256 像素 × 256 像素。

本课小结

在每次学习新的知识后及时总结，我们可以更加牢固地掌握知识。回想一下这节课你学会了些什么，然后根据自己掌握情况给小鱼涂色，并记录你的学习体验和有趣的想法。

课后评价及总结	
理解图块地图的尺寸与精灵尺寸的区别。	
熟练使用图块地图编辑器。	
能够自主设计地图草图，并编程实现。	
总结：	

附：魔法考核答案　　第 1 题：D　　第 2 题：D

第 5 课 神秘宝箱

课程引入

上次我们成功设计了遗迹地图，但是当我们控制的玩家精灵碰到宝箱时，无法获得里面的宝物，这显然不行。

本节课喵小灰将会进一步完善遗迹，将不会打开的宝箱，变为可以打开获取宝物的宝箱。

任务发布

改进程序，让玩家精灵碰到宝箱后，可以获得宝箱内的宝物或（和）得分。

扫码查看参考程序

魔法小课堂

精灵重叠

在“精灵”指令库中有下图所示精灵重叠检测指令，该指令可以实时检测不同类别的精灵有没有重叠，当有精灵重叠事件发生时，我们可以让程序执行一些特殊的操作。

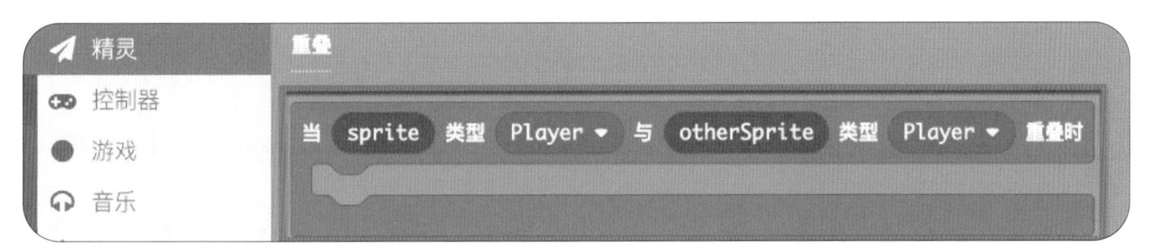

运行下图所示程序，当我们控制类型为“Player”（玩家）的精灵“玩家”碰到类型为“Food”（食物）的精灵“草莓”时，草莓将会消失。

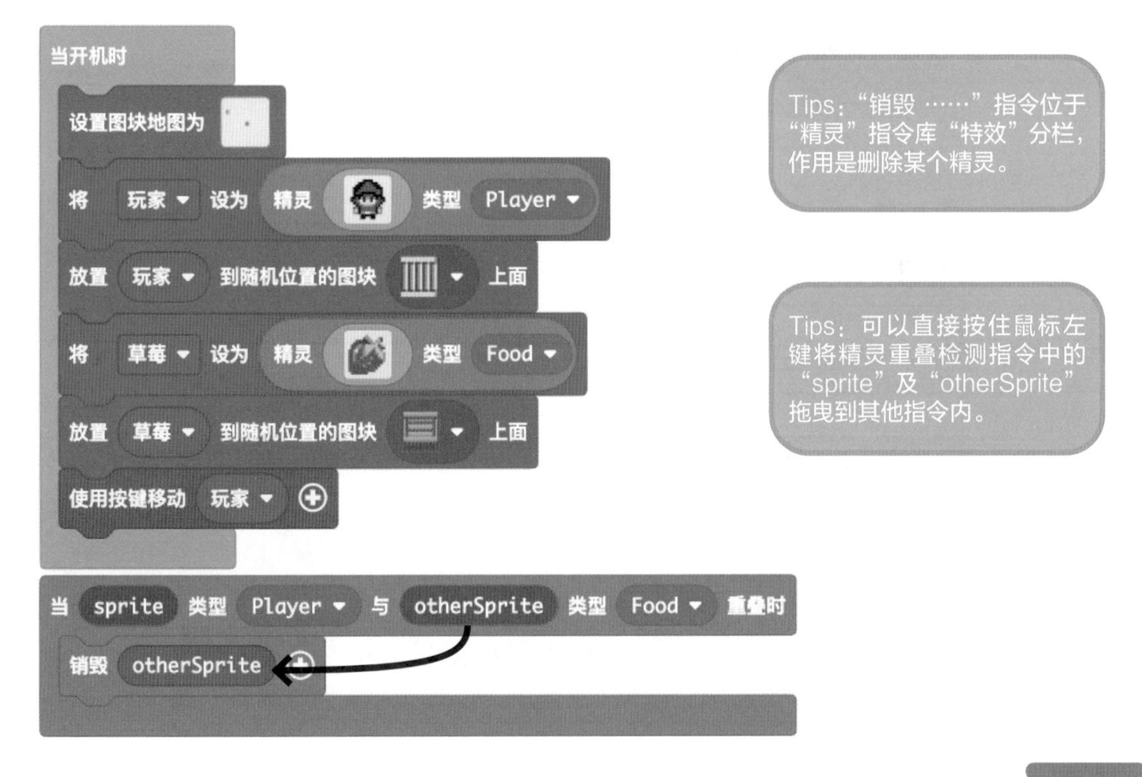

在实际使用精灵重叠检测指令时，可以给需要检测是否重叠的精灵单独建立一个类型，这样就可以避免使用多个精灵时发生误判。

得分

大多数的游戏有得分类规则，这可以激励玩家不断进步，维持游戏兴趣。

MakeCode Arcade 自带游戏得分相关指令，我们只需增加几个指令，就可以让自己的游戏具备计分功能。

如下图所示，从“游戏信息”指令库中，找到“设置得分为 0”指令，并将其放入编程区“当开机时”指令内。在需要加分的地方，使用“得分增加 1”指令。

魔法演习

第 1 步：打开遗迹地图程序

在 MakeCode Arcade 中有两种方式可以打开上节课所用的程序。

方式 1：如下图所示，一般情况下 MakeCode Arcade 会自动记录在计算机上编写的程序，直接单击即可打开。

方式 2：如果没有程序记录，则可以单击右上角的“导入”按钮，选择上节课保存的 .png 或 .uf2 文件。

第 2 步：修改地图

想让宝箱可以打开，就要将宝箱变为精灵，因此，我们需要把地图上 3 个宝箱图块修改为放置宝箱的平台，便于创建宝箱精灵后放置宝箱。替换的 3 个图块如下图所示。

Miscellaneous

第 3 步：创建宝箱精灵

新建宝箱精灵，并在“类型”后面的下拉框中，选中“添加新的 kind”，然后将新加的类型命名为“宝箱”。

第 4 步：创建及放置剩余的宝箱精灵

如下图所示，创建另外两个宝箱精灵，类型同样选择为“宝箱”，然后依次将宝箱精灵放置在前面替换的宝箱平台图块上。

第 5 步：开箱检测

当我们控制的玩家精灵与宝箱精灵重叠时，玩家精灵会取出宝箱中的宝物，然后宝箱消失。所以如下图所示，使用前面学习的精灵重叠检测指令，重叠的类型选择为“Player”和“宝箱”。

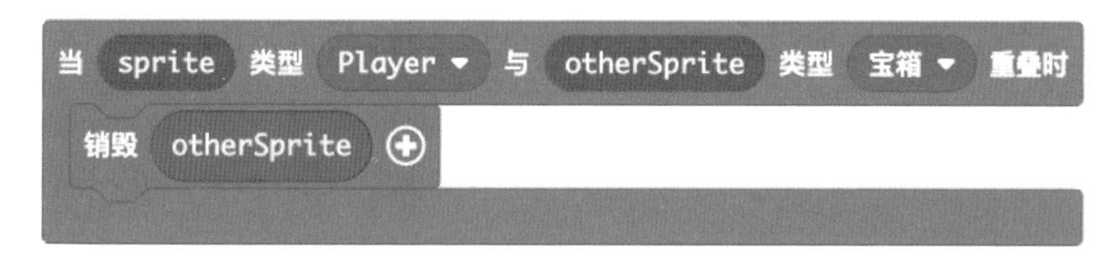

第 6 步：设置得分

取出宝物后，宝物让玩家得分增加 1，程序上进行如下修改。

第 7 步：测试程序

在左侧模拟器中运行程序，看看玩家精灵碰到宝箱后是否增加积分，同时宝箱是否消失。

第 8 步：下载与存储程序

在模拟器中运行没问题后，我们将程序下载到喵比特中，若运行效果符合预期，则将程序保存到计算机中。

任务拓展

将地图上的宝珠也替换为宝珠精灵，玩家收取宝珠后增加 3 个积分。

魔法考核

考核 1：精灵重叠检测指令位于哪个指令库中？（ ）
A. 精灵
B. 控制器
C. 场景
D. 游戏信息

考核 2：如果在打开宝箱后，不销毁宝箱精灵会怎样？（ ）
A. 没有任何影响
B. 会导致程序报错
C. 会导致积分连续不断增长
D. 会导致玩家精灵自动销毁

魔法链接：精灵与图块重叠

在游戏中，除了开宝箱，玩家精灵移动到地图特定位置时，会触发一些特定的事件。比如当玩家精灵到达终点时，需要结束游戏；当玩家精灵踩到地图上的陷阱时会死亡或被送回起点。

对于这类触发后本身不需要销毁的图块，我们不需要使用精灵替代它们，可以直接如下图所示，从“场景”指令库中调用“当 sprite 类型 Player 与图块…… 在 location 重叠时”指令，该指令在角色与指定图块重叠时执行。

游戏结束功能：从“游戏”指令库中找到“游戏结束失败 / 获胜”指令，并将其拖曳至前面的精灵与图块重叠检测指令内，选择“图块”为出口处的台阶，单击“游戏结束失败 / 获胜”中的切换开关图标，将其切换为“游戏结束获胜”。

踩中陷阱回到入口功能：在地图中设置了陷阱图块后，当玩家精灵与该图块重叠时，将玩家精灵放置到入口，参考程序如下图所示。

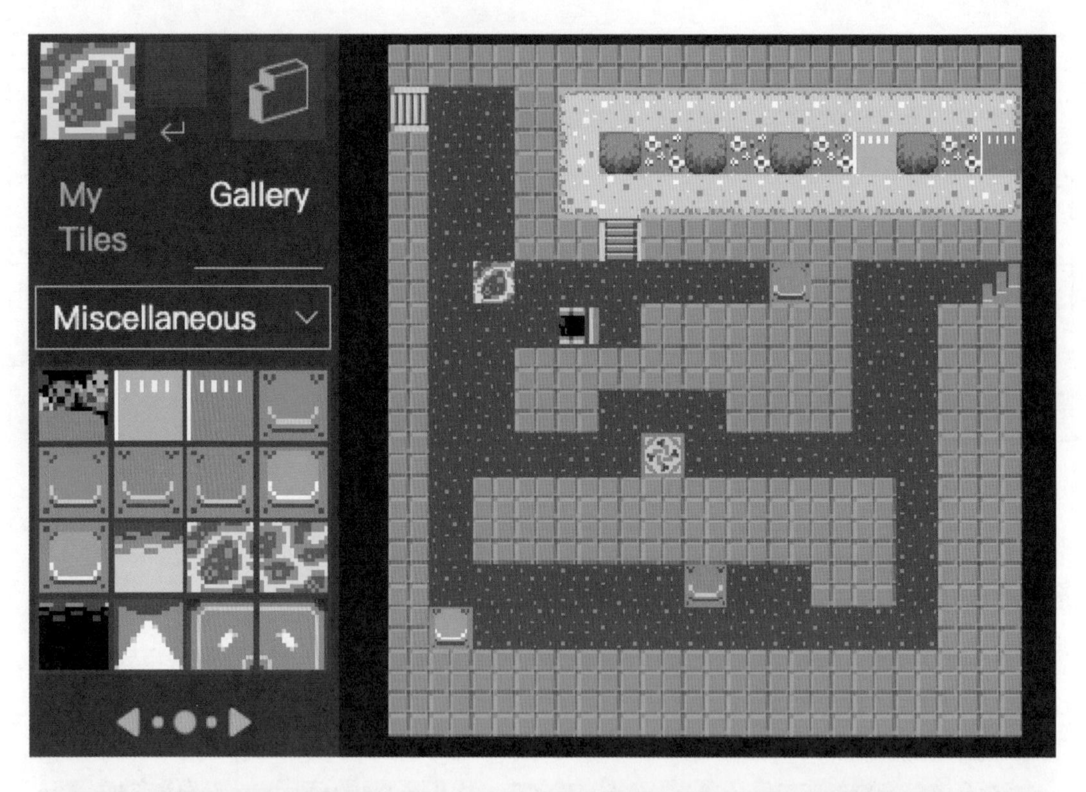

本课小结

每次学习新的知识后及时总结，我们可以更加牢固地掌握知识。回想一下这节课你学会了些什么，根据自己的掌握情况给小鱼涂色，然后记录你的学习体验、有趣的想法。

课后评价及总结	
能够根据需要设置新建精灵的类型。	🐟 🐟 🐟
熟练掌握精灵重叠检测指令、精灵与图块重叠检测指令的使用方法。	🐟 🐟 🐟
掌握得分、销毁精灵指令的使用方法。	🐟 🐟 🐟
总结：	

附：魔法考核答案

第 1 题：A　　第 2 题：C

第 6 课 遗迹 NPC

课程引入

喵小灰研究了很多前辈的考核答卷，发现每份答卷中的遗迹都有自己的规则，遗迹设计者一般在一开始就将遗迹的探索规则告诉探索者，并且在遗迹中适当设置遗迹生物（非玩家角色，NPC）引导探索者。

喵小灰仔细测试和体验后，发现这种方式可以很好地提高探索者对遗迹的评价。于是，喵小灰决定对遗迹进行进一步优化，增加游戏引导和人物对话功能。

任务发布

扫码查看参考程序

改进程序，在进入遗迹前增加规则介绍，在遗迹中增加可以触发对话的 NPC。

魔法小课堂

规则介绍

指导与要求玩家如何玩游戏的内容就是游戏规则，大部分游戏会在最开始时介绍游戏的相关规则，引导玩家顺利进行游戏。

在 MakeCode Arcade 中，我们可以通过“游戏”指令库中的“显现……”指令给游戏增加规则介绍。

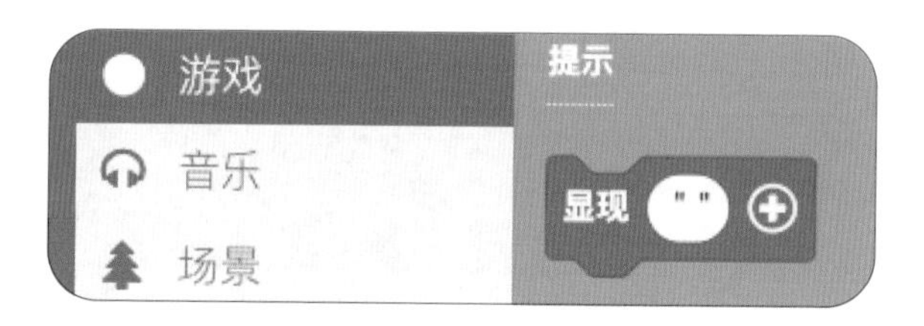

当写入的提示内容一行显示不完时，屏幕会自动滚动显示。如果要让提示内容多行显示，则需要单击“显现……”指令中的“+”。每单击一次“+”，多一个文本输入框，显示的内容也会多一行，如下图所示。对话被触发后，玩家按下按键 A 可结束对话。

对话框

在游戏中常常会遇到类似下面这种人物对话框，它是一种有效提升玩家游戏体验的手段，可以让玩家自发寻找 NPC，探索 NPC 的故事。

在 MakeCode Arcade 中，我们可以通过“游戏”指令库中“对话框”分栏下的对应指令实现玩家与 NPC 对话的功能。

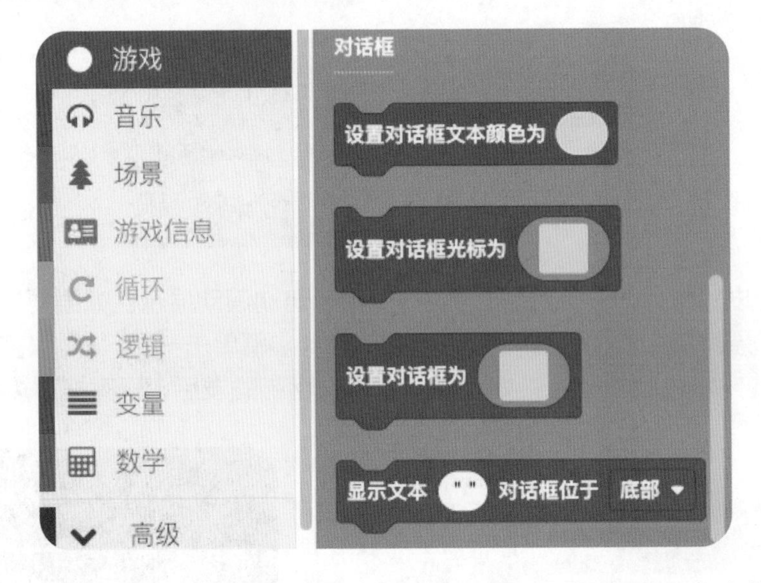

下图所示为实现上面对话框的程序，我们通过第一行指令设置文本颜色，通过第二行指令设置右下角对话角色的图标，通过第三行设置对话内容及对话框位置。对话被触发后，玩家按下按键 A 可结束对话。

魔法演习

第 1 步：增加规则介绍页面

根据前面所学，在“当开机时”指令内原有的指令下方增加“显现……”指令，并写上游戏规则。接着在左侧模拟器中运行程序，看看是否如预料中那样在屏幕中间显示规则介绍文本框。

第 2 步：放置对话 NPC

根据前面的规划，新建遗迹生物，将其设置为新的分类，并放置到地图对应图块上。

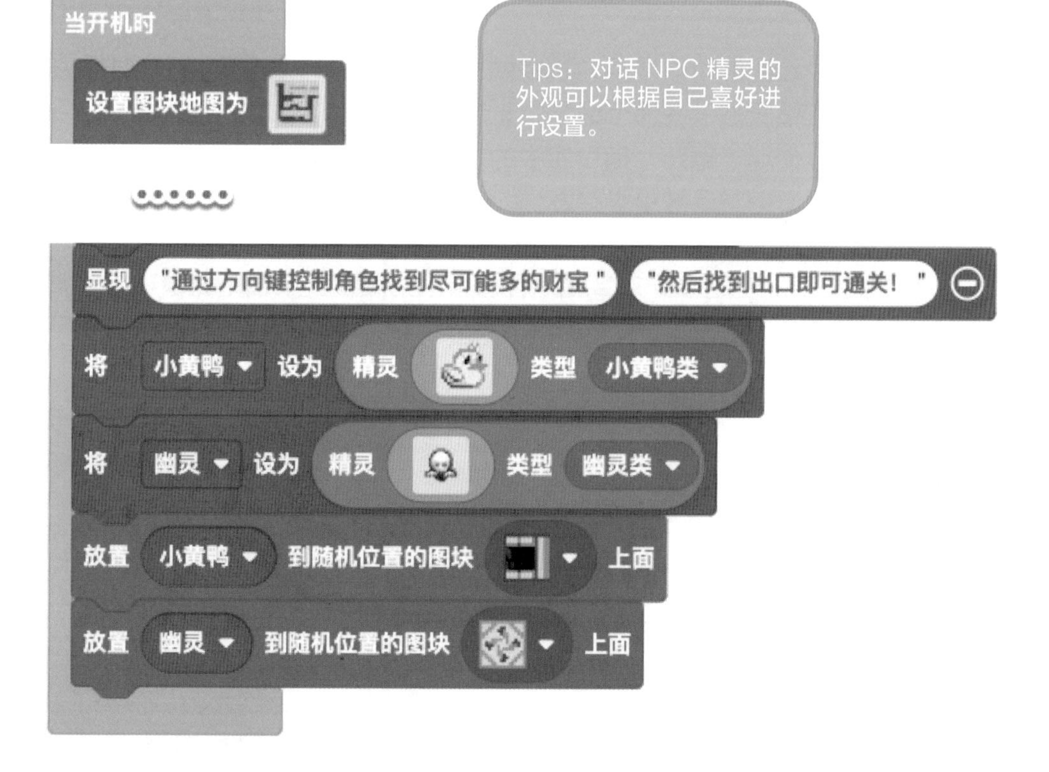

第 3 步：设置第一个对话

根据前面学习的对话设置方法，以及“精灵”指令库中的精灵重叠检测指令，实现当 NPC 小黄鸭碰到玩家精灵时，告诉玩家右边有宝藏。

第 4 步：测试对话

在左侧模拟器中运行程序，控制玩家精灵移动到小黄鸭的位置，看看是否出现对话，以及出现对话后是否有其他问题。

第 5 步：优化对话程序

在刚才的测试中，我们可以发现，玩家触发对话，再按下按键 A 后，对话立刻被二次触发，导致玩家精灵被卡在那个地方，无法移动。

此时，我们可以使用“循环”指令库中的“暂停 100 毫秒”指令，在对话被触发后，暂停一段时间，避免对话被重复触发。

第 6 步：测试优化后的程序

在左侧模拟器中运行优化后的程序，看看是否有问题，如果没有问题就把程序下载到喵比特中试一试。

第 7 步：另一个对话 NPC 的程序

如下图所示，先复制玩家精灵与小黄鸭精灵重叠检测程序，然后结合另一个 NPC 精灵的位置，修改下图所示的 3 个参数，其中显示的文本需要根据该 NPC 的位置特点来修改。

第 8 步：测试与保存程序

在左侧模拟器中运行程序，看看是否全部按照预期运行。如果符合预期，将程序下载到喵比特中，若运行效果依旧符合预期，则将程序保存到计算机中。

任务拓展

试一试，如果使用精灵与图块重叠检测指令来实现对话，是否会出现问题。（提示：可以在地图上直接放置对话 NPC 图块。）

魔法考核

考核 1：与对话相关的指令位于哪个指令库中？（　　）
A. 精灵
B. 游戏
C. 场景
D. 游戏信息

考核 2：对话框被触发后，怎样结束对话？（　　）
A. 等待一段时间后自动结束
B. 通过方向键控制玩家精灵离开该位置即可
C. 按下按键 A
D. 按下按键 B

魔法链接 :NPC

NPC 是 Non-Player Character 的缩写，意思是“非玩家角色”，是游戏中很常见的一种角色类型。NPC 一般可以分为剧情 NPC、战斗 NPC、服务 NPC 三大类。

剧情 NPC：可以为玩家提供一些游戏信息、触发游戏剧情、提供任务等，当触发剧情或提供任务时，NPC 头上通常会出现叹号或问号。

服务 NPC：游戏中为玩家提供各种服务的 NPC，比如提供物品买卖服务的交易行商人、教授技能的技能训练师等。

战斗 NPC：战斗 NPC 一般是玩家击败它（他）后，玩家可以获得一些奖励的 NPC，比如各种敌方阵营的生物、野生的怪物等。

本课小结

每次学习新的知识后及时总结，我们可以更加牢固地掌握知识。回想一下这节课你学会了些什么，根据自己的掌握情况给小鱼涂色，然后记录你的学习体验、有趣的想法。

课后评价及总结	
能够根据需要新建精灵类型。	🐟 🐟 🐟
掌握提示及对话的设置方法。	🐟 🐟 🐟
理解在精灵重叠、对话被触发后添加等待指令的原因。	🐟 🐟 🐟
总结：	

附：魔法考核答案

第 1 题：B　　　第 2 题：C

第 3 章　魔法课堂

喵小灰非常成功地设计了遗迹，最终以第一名的好成绩进入了喵星学院。接下来喵小灰将会在喵星学院中跟随魔法导师学习各种各样的神奇魔法。

让我们跟随喵小灰一起踏入这所神奇的喵星学院，开启魔法师的征程吧！

第 7 课 音乐魔法

课程引入

宇宙中有各种各样奇怪的生物，喵星学院成立的初衷，是和一种名为吞星兽的怪物战斗。这种怪物体形巨大，以星球为食物。

喵星学院经过不断的研究和探索，找到了吞星兽的弱点，并有针对性地开发了音乐魔法，通过蕴含魔力的音乐击退了吞星兽。

因此，音乐魔法课成了喵星学院第一门必修魔法课。让我们跟随喵小灰一起学习这神奇的音乐魔法吧！

任务发布

编写程序，当按下不同按键时，发出不同音调的声音。

扫码查看参考程序

魔法小课堂

声音播放

喵比特自带蜂鸣器，可以发出不同音调的声音。在“音乐”指令库中找到“音调”分栏，分栏中的指令可以控制蜂鸣器发出声音。

下图第一个指令可以让蜂鸣器发出特定音调的声音并指定声音的时长，第二个指令可以让蜂鸣器持续发出某个特定音调的声音。

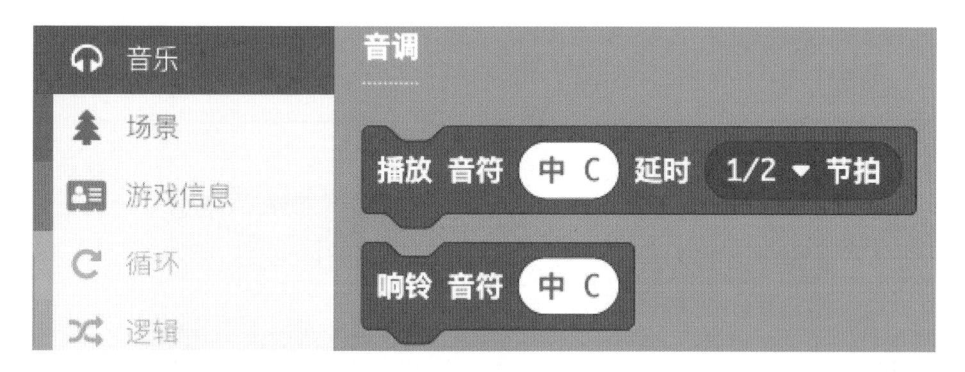

我们一般使用第一个指令。单击指令中的“中 C”会出现音名选择界面，单击钢琴图中的不同琴键，钢琴图下方会出现琴键对应的音名，如果确定使用该音名，则用鼠标左键单击编程区空白处。

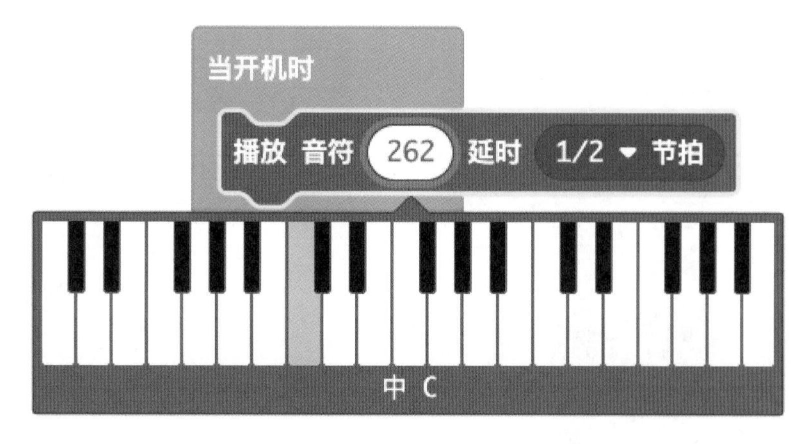

单击“1/2”后的倒三角，会出现节拍选择列表，节拍的数值越大，代表播放该音调的时间越长。

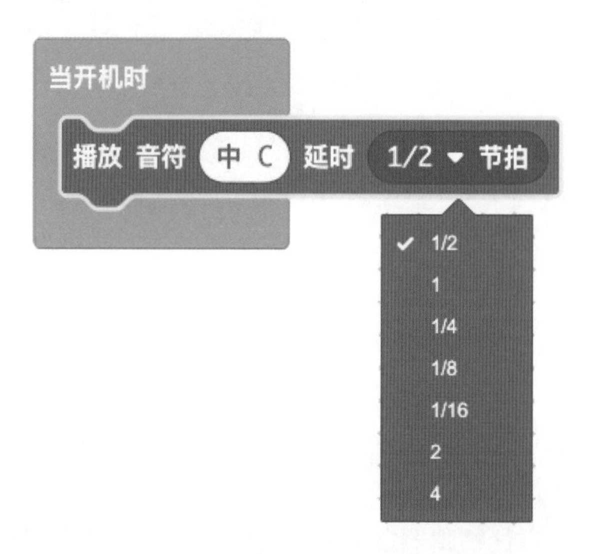

按钮事件

喵比特有 4 个方向按键、2 个字母按键、1 个系统设置按键，这些都是可编程按键，我们可以给它们编写程序。

在“控制器”指令库中从“单人游戏”分栏中找到“当按键 A 按下”指令，将其拖曳到编程区，即可检测按键 A 的状态。

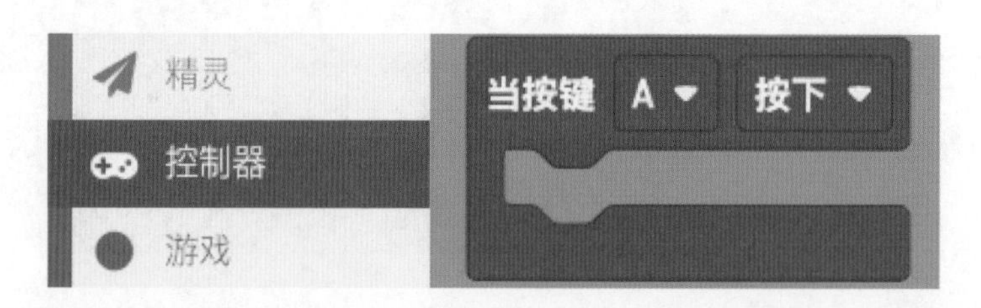

单击指令中“A”后的倒三角，可以切换要检测的按键；单击“按下”后的倒三角则可以切换要检测的状态。当指定按键符合对应状态时，就会执行指令内的程序。

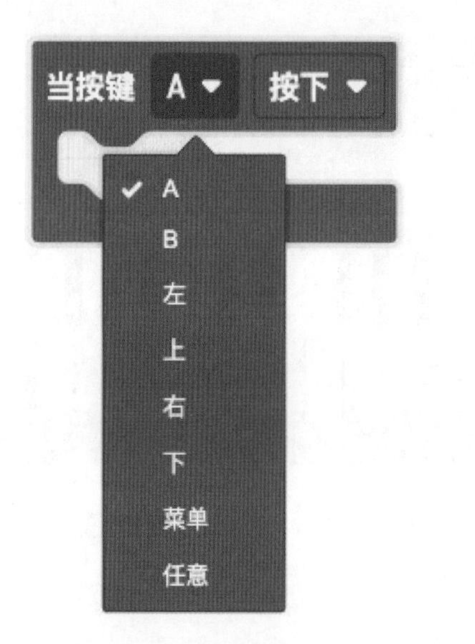

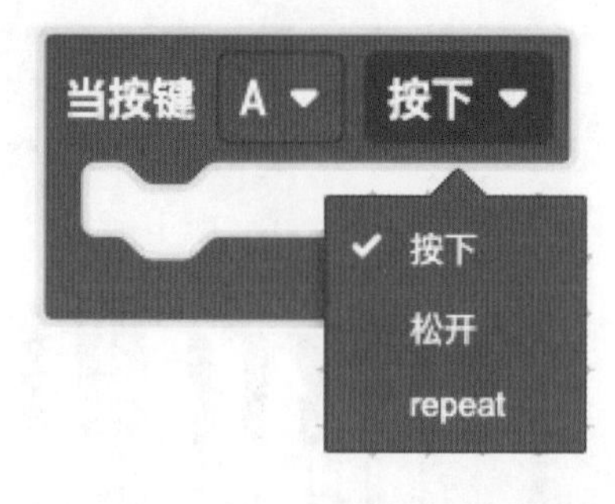

魔法演习

第 1 步：新建项目

新建项目，将其命名为“第 7 课 音乐魔法”，打开该项目，进入编程界面。

第 2 步：按按键 A 发声

从“控制器”指令库中找到“单人游戏”分栏中的“当按键 A 按下”指令，将其拖曳至编程区。

从“音调”指令库中找到“音调”分栏中的“播放 音符中 C 延时 1/2 节拍”指令，将其拖曳至“当按钮 A 按下”指令中。

戴上耳机，调整计算机的系统音量，在左侧模拟器中运行程序，然后用鼠标单击按键 A，试试能否听到声音。如果能听到，则将程序下载到喵比特中，在硬件上试一试。

第 3 步：按其他按钮发声

依次编写剩余 6 个按键的发声程序，如下图所示。

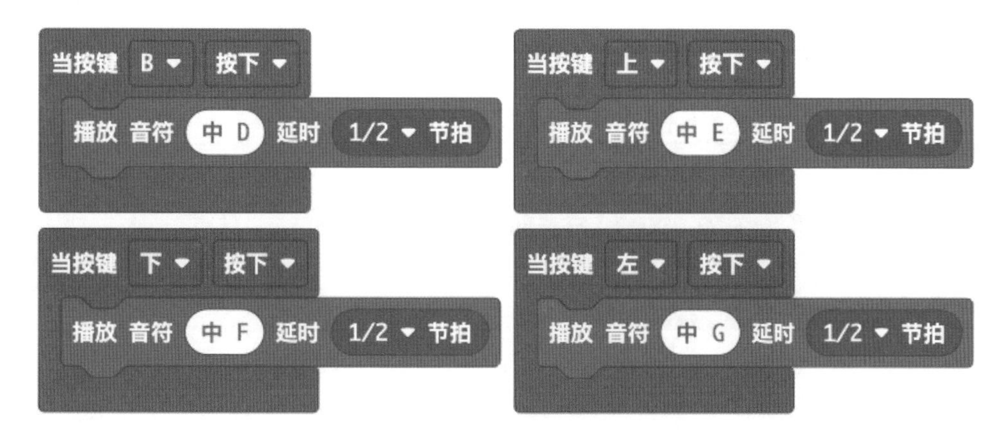

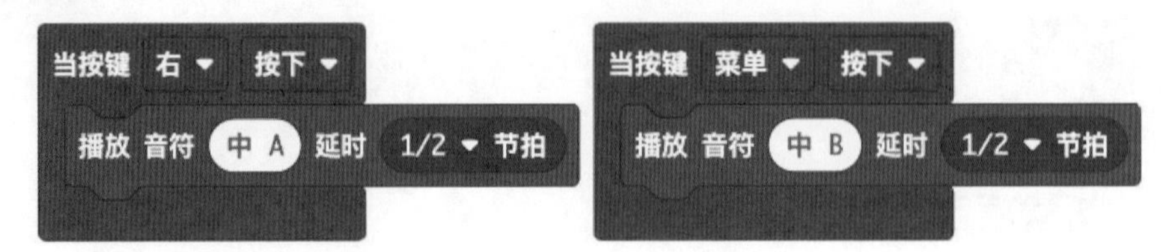

第 4 步：测试与保存程序

在左侧模拟器中运行程序，看看是否全部按照预期运行。如果运行效果符合预期，将程序下载到喵比特中，若运行效果依旧符合预期，则将程序保存到计算机中。

任务拓展

试一试，制作音乐播放器，当按下按键 A 时，播放一段由 8 个音符组成的旋律。

魔法考核

考核 1：喵比特有几个可编程按键？（　　）
A.2
B.4
C.6
D.7

考核 2：节拍对播放音符有什么影响？（　　）
A. 节拍值越大，播放的音符音量越大
B. 节拍值越大，播放的音符音调越高
C. 节拍值越大，播放该音符的时长越长
D. 节拍值越大，播放的音符数量越多

魔法链接：乐理入门

音乐理论也称为乐理，是学习音乐的必修课程，要想学好音乐魔法，还需要掌握一些基础的乐理知识。

声音三要素

声音的特性可以用响度、音调和音色来描述，这 3 个要素就是声音三要素。

响度：指声音的大小，也就是我们常说的音量。

音调：声音是由物体振动产生的，每秒来回振动的次数叫作频率，声音的频率越高，声音听起来越尖锐，它的音调越高。

音色：不同的物体以相同频率振动时，产生的声音也会不同，比如吉他和钢琴以同样的响度发出同样的音调，听起来也会不同，这就是因为音色不同。

唱名、音名

唱名是在演唱旋律时，为方便唱谱而采用的名称，比如我们平时说的 do、re、mi、fa、sol、la、si（简谱写作 1、2、3、4、5、6、7）。

音名指的是 C、D、E、F、G、A、B 字母，是记录固定音调的符号。下图所示为 1=C 时（C 大调）7 个唱名与音名的对应关系。

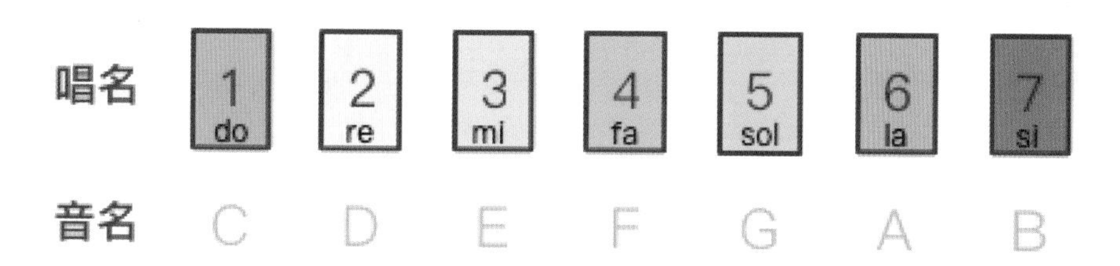

减时线与延时线

在简谱中，如果某个数字下面有一条短横线，那么这个数字对应音调的演奏时长要缩短为原来的一半。这种在数字下的线叫作减时线。假设“1”演奏时长为 1 拍，那么“$\underline{1}$”的演奏时长为 1/2 拍。

如果短横线在数字后面，那么这个数字对应音调的演奏时间要延长。这种在数字后面，使得音符的演奏时长增加的线叫延时线。假设“1”的演奏时长为 1 拍，那么“1–”的演奏时长为 2 拍。

阅读与演奏简谱

简谱是指一种简易的记谱法，常见的有字母简谱（音名简谱）、数字简谱（唱名简谱）。如果你想让你的游戏中出现某段你喜欢的音乐，你可以找到它的简谱，然后根据简谱来编写演奏程序。

下图所示为著名儿歌《小星星》的简谱中的一部分。

小 星 星

1 1 5 5	6 6 5 –	4 4 3 3	2 2 1 –
一 闪 一 闪	亮 晶 晶，	满 天 都 是	小 星 星。
5 5 4 4	3 3 2 –	5 5 4 4	3 3 2 –
挂 在 天 空	放 光 明，	好 像 许 多	小 眼 睛。

本课小结

每次学习新的知识后及时总结，我们可以更加牢固地掌握知识。回想一下这节课你学会了些什么，根据自己的掌握情况给小鱼涂色，然后记录你的学习体验、有趣的想法。

课后评价及总结	
知道如何设置蜂鸣器发出不同音调的声音。	
掌握按键指令的用法，知道如何通过按键触发程序。	
能够读懂简单的简谱，并编程演奏音乐。	
总结：	

附：魔法考核答案

第 1 题：D　　第 2 题：C

第 8 课 传送魔法

课程引入

喵星学院有一个恶魔定位器，可以时刻监测宇宙中哪个位置出现了危害世界的恶魔。恶魔很多时候是从虚空某个位置破开空间屏障，降临在某处。

针对这个问题，喵星学院研发了传送魔法，这个魔法可以将魔法师轻松传送到宇宙中的任意一个位置。

任务发布

扫码查看参考程序

编写程序，玩家按下按键 A 随机产生一只恶魔；通过方向键控制喵小灰消灭恶魔；消灭恶魔后，按下按键 B，喵小灰回到屏幕中心位置，为下一次战斗做准备。

魔法小课堂

MakeCode Arcade 中的坐标

经过前面的学习，我们知道了喵比特的屏幕长度为 160 像素，宽度为 128 像素。我们可以用第几行、第几列描述精灵的位置，那么我们能不能在程序中直接将精灵的位置设置为指定行、列呢?

在 MakeCode Arcade 中，我们可以使用“精灵”指令库中的“设置 mySprite 的位置为 x0 y0”指令，该指令中的“x”代表精灵在水平方向上位于第几列，“y”代表精灵在竖直方向上位于第几行。

单击指令中的数字“0”会弹出一个设置滑杆，拖曳该滑杆上的圆钮，可以改变精灵在水平、竖直方向上的位置，并且在下方屏幕中可以实时看到该位置。

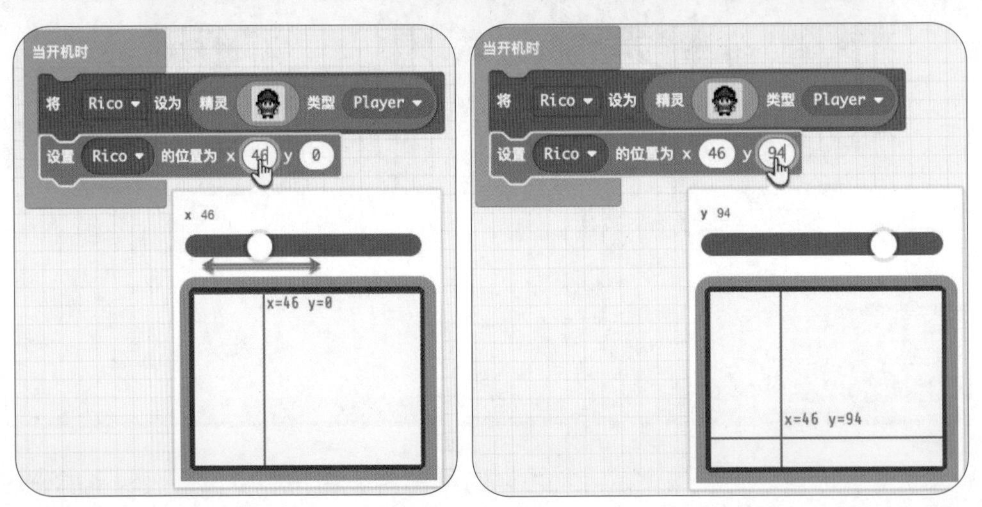

除了通过拖曳两个滑杆上的圆钮确定位置外，我们还可以直接在指令中填写数字；或者在下方弹出的屏幕中直接用鼠标单击要放置精灵的位置，单击后指令会自动填入该点的 *x* 值和 *y* 值。

随机事件与随机数

随机事件是指在一定条件下，可能发生，也可能不发生的事件。例如抛掷硬币，“硬币正面向上”就是一个随机事件，因为它可能发生，也可能不发生。

随机数是指在一次数据生成实验中可能生成的数字。类似投掷骰子时，可能生成的点数为 1 ~ 6 任意一个。

在 MakeCode Arcade 中，“数学”指令库里有一个“选取随机数，范围为 0 至 10”指令，可以让程序在指定的范围产生一个随机数。

该指令产生的随机数大于等于填入的最小值，小于等于填入的最大值。在该范围内每次选出某个值的可能性相同。

要想让精灵随机出现在屏幕上的任意位置，可以结合刚刚学习的两种指令，编写如下图所示的程序。运行程序，在左侧模拟器中刷新几次，看看角色的位置是不是每次都不同。

魔法演习

第 1 步：新建项目

新建项目，将其命名为“第 8 课 传送魔法”，打开该项目，进入编程界面。

第 2 步：设计代表喵小灰的玩家精灵

创建玩家精灵：将创建精灵指令拖曳至“当开机时”指令内，并给精灵命名，选择造型，设置类型为 Player，如下图所示。

按键控制：从“控制器”指令库中找到“使用按键移动 mySprite”指令，将其拖曳至程序中，再将 mySprite 选为玩家精灵的名称。

一键回中心：从“控制器”指令库中找到“当按键 A 按下”指令，将其拖曳至编程区，修改按键为 B，然后从“精灵”指令库中找到前面学习过的“设置 mySprinte 的位置为 x0 y0”指令，将其拖曳至按钮指令中，将 mySprite 选为玩家精灵的名称，修改 x、y 数值为屏幕中心的坐标，即 80、64。

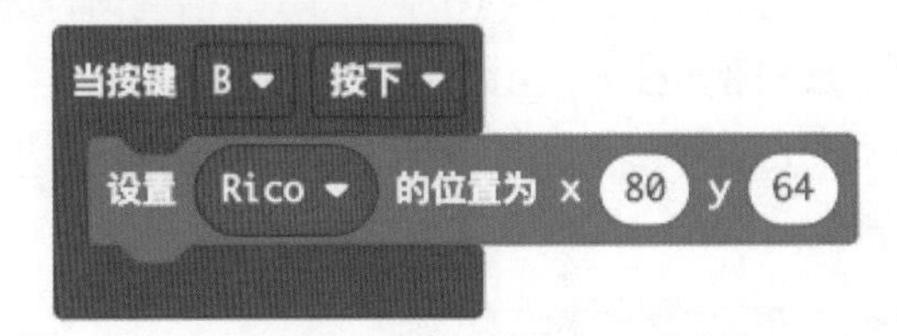

第 3 步：设计恶魔

按按键刷新恶魔：从“控制器”指令库中找到“当按键 A 按下”指令，将其拖曳至编程区，然后将创建精灵指令拖曳至其中，修改精灵名称为“恶魔”，并修改其造型及类型。

随机投放恶魔：从“精灵”指令库中找到“设置 mySprinte 的位置为 x0 y0”指令，将其拖曳至创建恶魔精灵指令之后，然后通过“数学”指令库中的随机数指令，生成随机的 x、y 值。

当按键 A 按下
将 恶魔 设为 精灵 类型 Enemy
设置 恶魔 的位置为 x 选取随机数，范围为 0 至 160 y 选取随机数，范围为 0 至 120

第 4 步：交互事件

消灭恶魔：当喵小灰到达恶魔所在位置时，恶魔消失。这可以使用精灵重叠检测指令实现，将重叠类型设置为玩家精灵和恶魔精灵的类型（Player 和 Enemy），具体如下图所示。

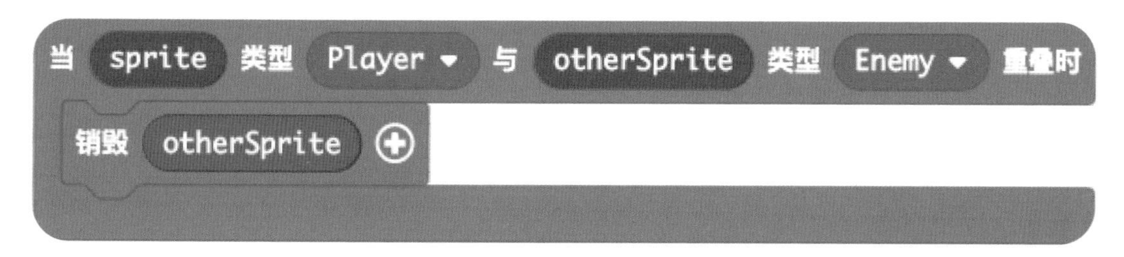

交互优化：增加得分功能，在“当开机时”指令内设置得分为 0，并在精灵重叠检测指令内设置每击杀一个恶魔，得分就增加 1。

第 5 步：测试与保存程序

在左侧模拟器中运行程序，看看是否全部按照预期运行。如果符合预期，将程序下载到喵比特中，若运行效果符合预期，则将程序保存到计算机中。

任务拓展

试一试，修改程序，让其满足以下两点。

（1）绘制 10 图块 ×8 图块地图，让喵小灰始终出现在地图上，不会超出屏幕。

（2）每当一个恶魔被消灭后，一个新恶魔就会在其他地方出现，不需要玩家手动按下按键 A 刷新恶魔。

提示：可以在销毁恶魔精灵后立刻产生新恶魔精灵，这样就不用手动刷新恶魔了。

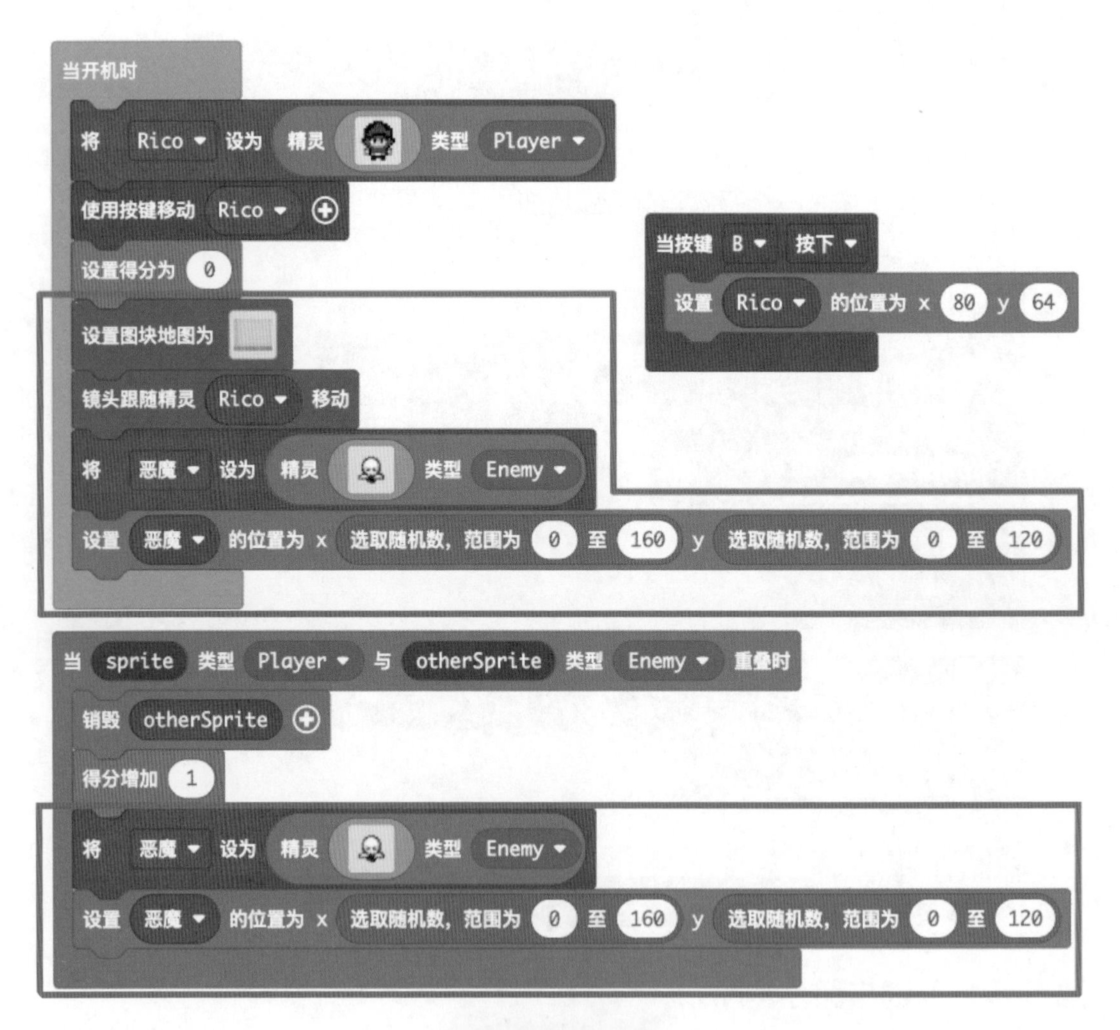

扫码查看参考程序

魔法考核

考核 1：选取随机数，范围为 0 至 10 不可能产生下列哪个数？（ ）
A.0
B.5
C.10
D.11

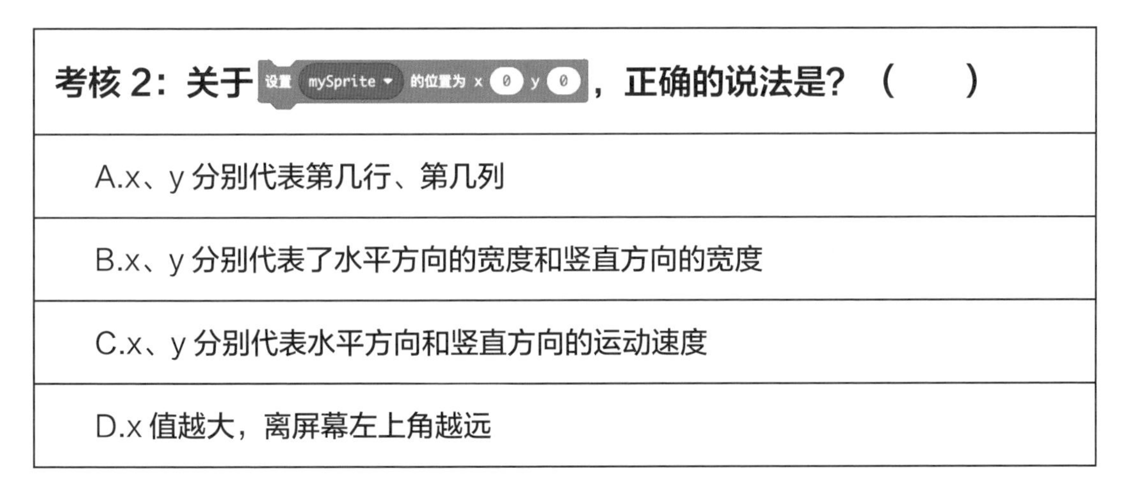

考核 2：关于 设置 mySprite 的位置为 x 0 y 0，正确的说法是？（ ）
A.x、y 分别代表第几行、第几列
B.x、y 分别代表了水平方向的宽度和竖直方向的宽度
C.x、y 分别代表水平方向和竖直方向的运动速度
D.x 值越大，离屏幕左上角越远

魔法链接：平面直角坐标系

在前面我们提到用 x、y 代表角色所在的列、行，你想过为什么要用这两个字母吗？实际上 x 和 y 是平面直角坐标系两个坐标轴的名字，接下来让我们一起了解一下平面直角坐标系。

如何描述一条线上的点

假设有一条线，我们要描述线上某个位置，可以设置某个点为原点，然后将指定长度设置为 1，如果某点离我们定义的原点 n 倍指定长度，那么那个点的位置就是 n，如下图所示。

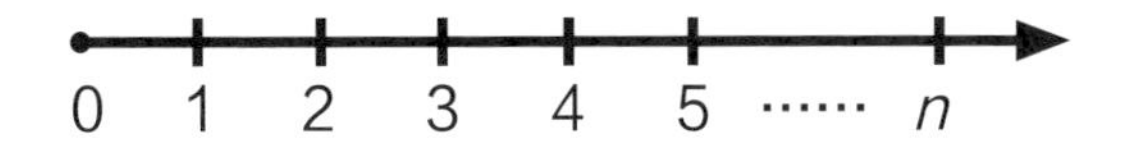

但是原点另一侧还有一个距离为 n 的位置，所以为了避免弄混两个点，我们将一侧设置为正方向，另一侧设置为负方向，并在负方向上代表距离的数字前加上负号“-”。通过这种方式，我们可以轻松描述这条线上任何一个点的位置。

像这种有原点、单位长度、正负方向的直线，我们称之为数轴。一条线要成为数轴必须具备原点、正负方向、单位长度这 3 个要素，具有这 3 个要素后，我们可以描述这条直线上任意一个点的位置。

如何描述平面中的点

在一个平面上，一条垂直于数轴的线上的每一个点在水平方向与原点的距离都是相同的，因此在平面上，为了描述点的位置，我们还需要加一个垂直于现有数轴的轴，这样就可以确定平面上任意一个点的位置了。

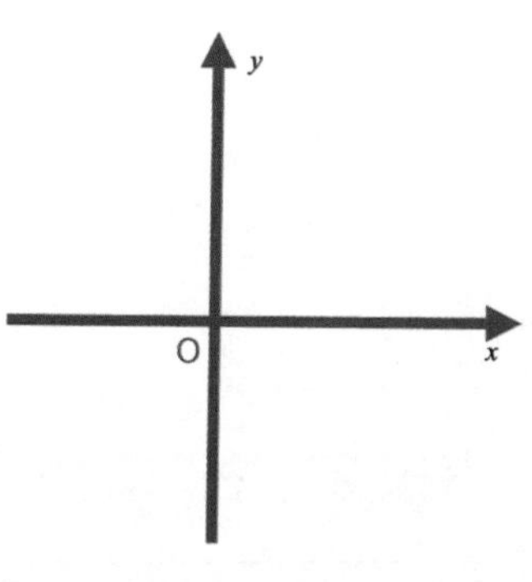

这种在同一个平面上互相垂直且有公共原点的两条数轴，我们称之为平面直角坐标系。该坐标系最早由法国哲学家、数学家、物理学家笛卡儿创立，所以也称为笛卡儿坐标系。

平面直角坐标系有两个坐标轴，其中横轴为 x 轴，取向右为正方向；纵轴为 y 轴，取向上为正方向。坐标系所在平面叫作坐标平面，两坐标轴的公共原点叫作平面直角坐标系的原点，如上图所示。

MakeCode Arcade 中的坐标系

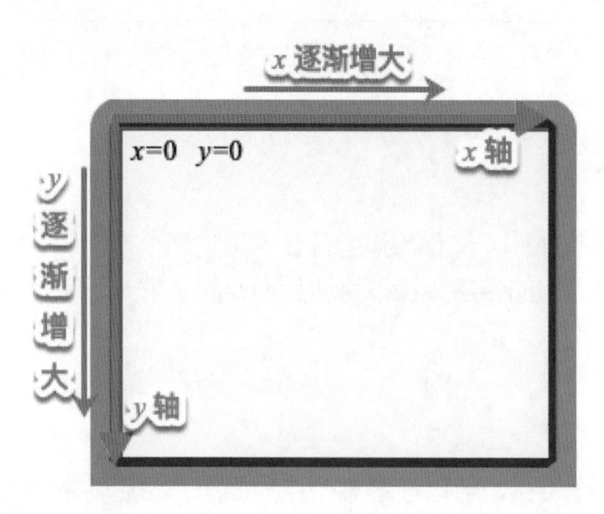

MakeCode Arcade的坐标系中，左上角为原点，其 x、y 坐标都是 0。水平方向为 x 轴，水平向右为正方向。竖直方向是 y 轴，竖直向下为 y 轴正方向。

除此之外，MakeCode Arcade 的图块地图可以比屏幕大，所以把精灵放到大地图中时，我们可以手动填入坐标值。

本课小结

每次学习新的知识后及时总结，我们可以更加牢固地掌握知识。回想一下这节课你学会了些什么，根据自己的掌握情况给小鱼涂色，然后记录你的学习体验、有趣的想法。

课后评价及总结	
知道坐标值对应屏幕中哪个位置。	
了解随机事件与随机数。	
掌握自动刷新敌人到随机位置的编程方法。	
总结：	

附：魔法考核答案

第 1 题：D　　第 2 题：D

第 9 课 加速魔法

课程引入

并不是所有恶魔穿越空间屏障后都会待在原地不动，有一部分实力强劲的恶魔会在穿越空间屏障后立刻四处寻找生命星球。

有些恶魔的速度非常快，刚刚接触魔法的魔法师很难追到它们，所以魔法师必须要对自己使用“加速魔法”，确保当遇到速度很快的恶魔时，能及时消灭它们。

任务发布

扫码查看参考程序

完善程序，具体要求如下。

（1）恶魔诞生后会以随机的速度向任意方向不断运动。

（2）当玩家按下按键 A 后，喵小灰的速度提升为原来的 3 倍；当玩家按下按键 B 后，喵小灰恢复原始速度。

魔法小课堂

速度

我们一般使用速度来描述物体移动的快慢，速度值越大，物体移动得越快。角色在平面上移动，速度分为水平方向的速度 vx 和竖直方向的速度 vy。

在 MakeCode Arcade 中可以通过“精灵”指令库中“物理”分栏的“设置 mySprite 的速度为 vx50 vy50”指令让精灵以指定的速度移动。

如果要修改默认的速度，可以单击指令中“vx”和“vy”后面的数字，单击后会弹出速度设置框，通过速度设置滑杆设置速度为 −100 到 100 之间的任意数，其中“−”代表相反方向，比如“vx50 vy0”是让精灵向右移动，那么“vx−50 vy0”是让精灵向左移动。

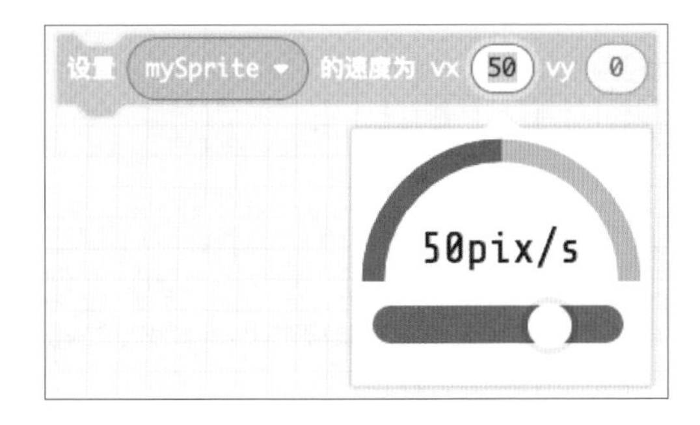

Tips：速度单位 pix/s 指每秒移动多少个像素的距离，pix 即像素。喵比特屏幕宽 160 像素，128 像素。

右图所示程序可以让创建的精灵自动向右移动，直到碰到屏幕边缘。

如果想要设置的速度大于 100，可以直接填入数值，试试编写下图所示的程序，看看不同速度的精灵在屏幕上的移动效果。

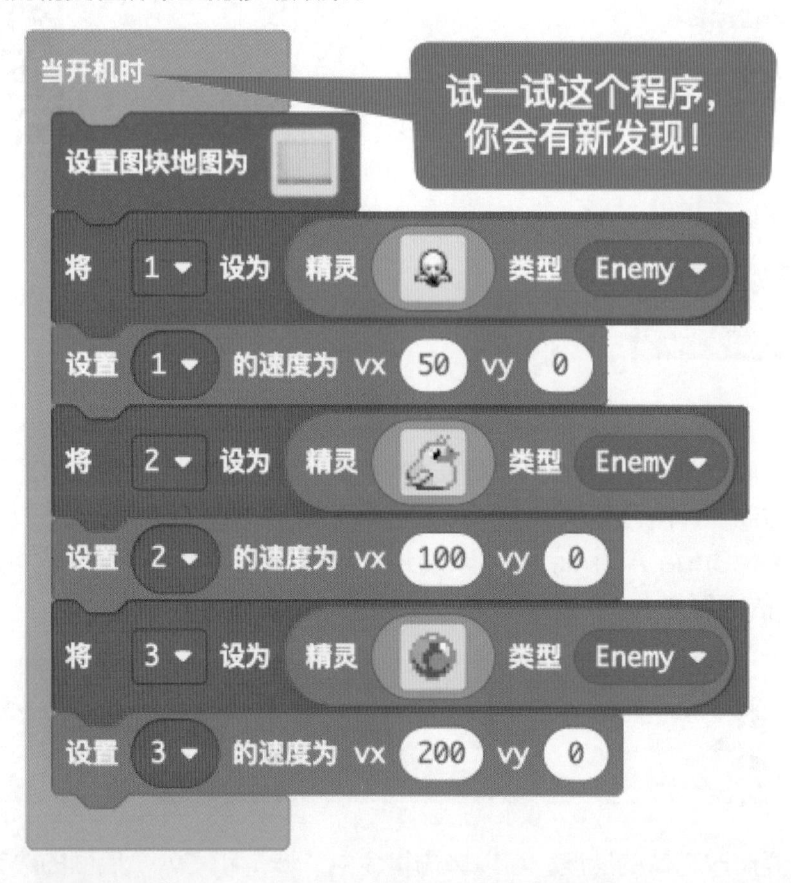

除了直接设置精灵的速度外，我们在使用按键控制精灵移动时，也可以设置使用按键控制精灵移动的速度。如下图所示，单击“使用按键移动 mySprite”指令后面的“+”，即可出现速度设置选项，在选项里面填写水平方向和竖直方向的速度即可。

魔法演习

第 1 步：加载项目

加载第 8 课项目，进入编程界面。

第 2 步：修改喵小灰的速度

前面的任务要求玩家按下按键 A 后，喵小灰的运动速度要加快；玩家按下按键 B 后，喵小灰的运动速度恢复正常。这里涉及一个核心的问题：什么速度算快，什么速度算慢？

一般在设计游戏时，设计师可以自己测试哪个速度作为“加速后的速度”比较合适，哪个速度作为“正常速度”比较合适。下面以 300 为“加速后的速度”，100 为正常速度，进行编程示范。

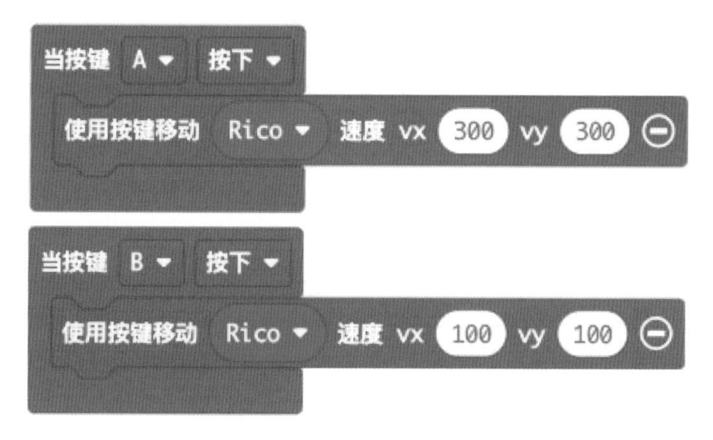

第 3 步：设置恶魔的移动速度

在精灵重叠检测指令里随机设置恶魔的位置后，让恶魔以随机速度移动，如下图所示。在左侧模拟器中测试程序，看看恶魔的移动效果是否符合预期。

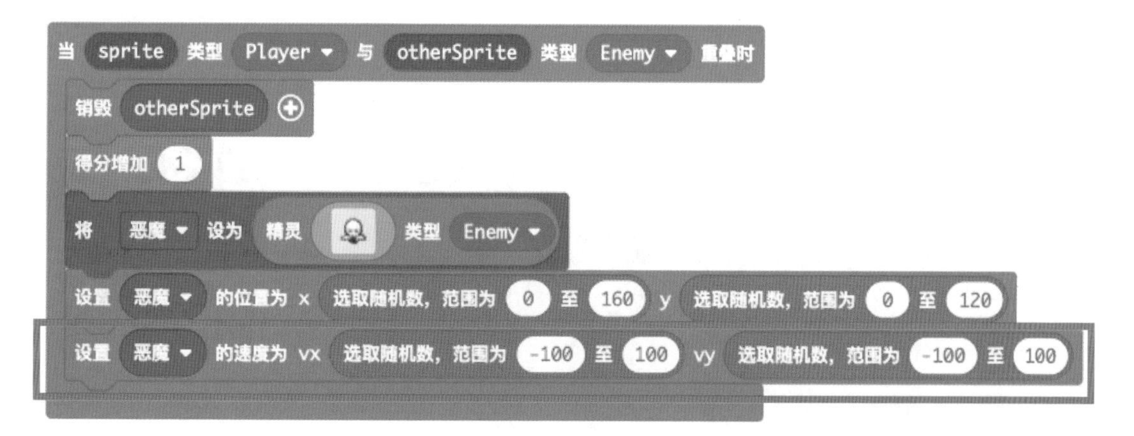

通过测试，我们发现恶魔生成后总是会往“墙角”跑，看起来不太灵活。实际上恶魔是一种非常狡猾的生物，它们会不断改变移动速度和方向。

这也就代表着，恶魔的速度每隔一段时间就要改变一次。在 MakeCode Arcade 中，我们可以从“游戏”指令库中找到“当游戏每隔 500 毫秒更新时”指令。

该指令每隔一段时间就会自动执行一次，我们可以单击“500”后面的倒三角下拉框修改执行程序的时间间隔。时间间隔单位为毫秒，1 秒等于 1000 毫秒。

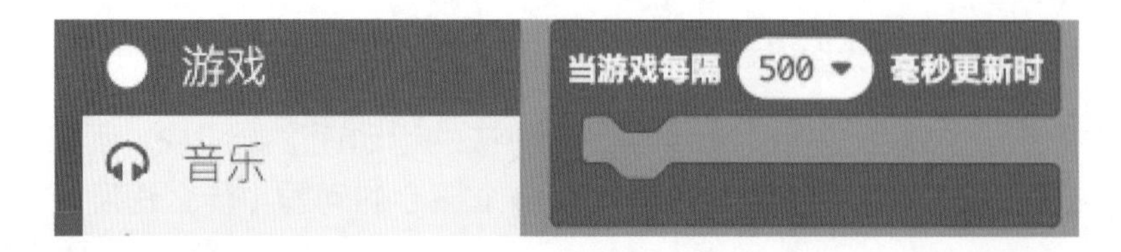

修改恶魔移动速度为随机值：将设置恶魔速度指令放置到“当游戏每隔 500 毫秒更新时”指令内部，然后修改时间间隔为“1000”毫秒。

第 4 步：测试与保存程序

在左侧模拟器中运行程序，看看是否全部按照预期运行。如果符合预期，将程序下载到喵比特中，若运行效果也符合预期，则将程序保存到计算机中。

若测试时发现恶魔有时候会消失，可以将更新的时间间隔修改为 500 毫秒，将随机生成恶魔的位置范围也调小一些，避免恶魔一生成就跑到屏幕边界外面去了。

任务拓展

试一试，修改程序，将地图尺寸扩展为 16 图块 ×16 图块以上，恶魔随机出现在任意一个图块上。

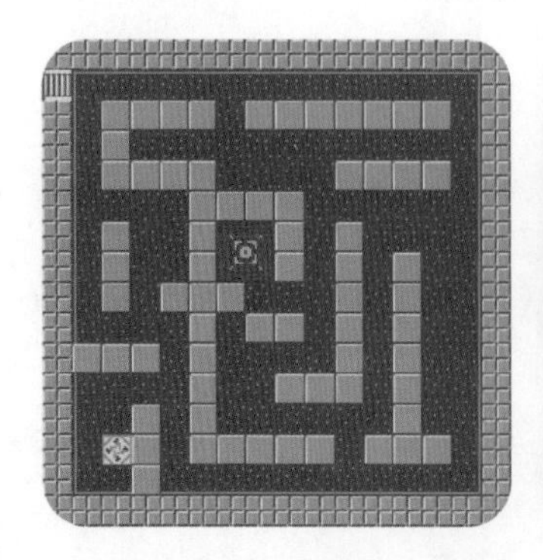
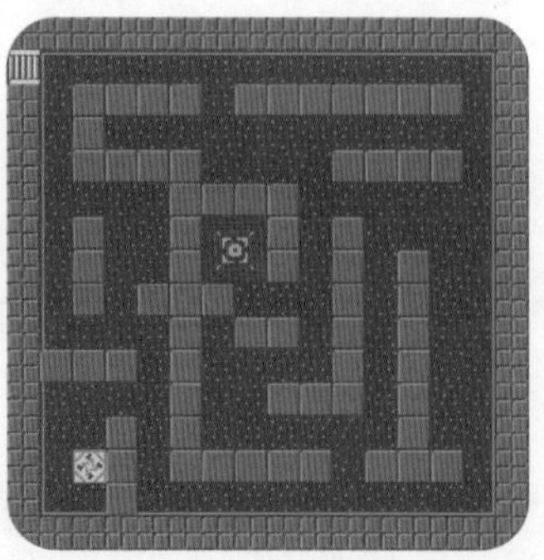

扫码查看参考程序

魔法考核

考核 1：vx 为 50 代表什么？（　　）
A. 水平方向每秒向右移动 50 像素
B. 水平方向每秒向左移动 50 像素
C. 竖直方向每秒向上移动 50 像素
D. 竖直方向每秒向下移动 50 像素

考核 2：下列哪些程序可以每秒产生一个恶魔？（　　）	
A.	 当游戏每隔 1 毫秒更新时 将 恶魔 设为 精灵 类型 Enemy
B.	 当游戏每隔 500 毫秒更新时 将 恶魔 设为 精灵 类型 Enemy
C.	 当游戏每隔 1000 毫秒更新时 将 恶魔 设为 精灵 类型 Enemy
D.	 当开机时 暂停 1000 毫秒 将 恶魔 设为 精灵 类型 Enemy

魔法链接：速度合成

通过前面的学习，相信你已经意识到速度是有方向的。实际上，平面内物体运动的方向可以通过水平方向的速度和竖直方向的速度推算出来。

速度的矢量表示

"矢量"也被称为"向量"，是一种既有大小又有方向的量。我们可以用一个有起点、带箭头的线段表示"矢量"，比如下面表示水平方向速度为 50 的图示（左）和竖直方向速度为 50 的图示（右）。

矢量加法的三角形法则

当一个物体既有水平方向的速度，又有垂直方向的速度时，可以将表示两个速度的两个矢量首尾相连（它们的长度按同样的比例表示速度高低）绘制成新的矢量，与现有的两个矢量组成三角形，这个新加的有方向和固定长度的矢量，就是前面两个矢量的和。

下图所示为水平速度 50 和竖直速度 50 的矢量相加后得到物体最终速度矢量的过程。

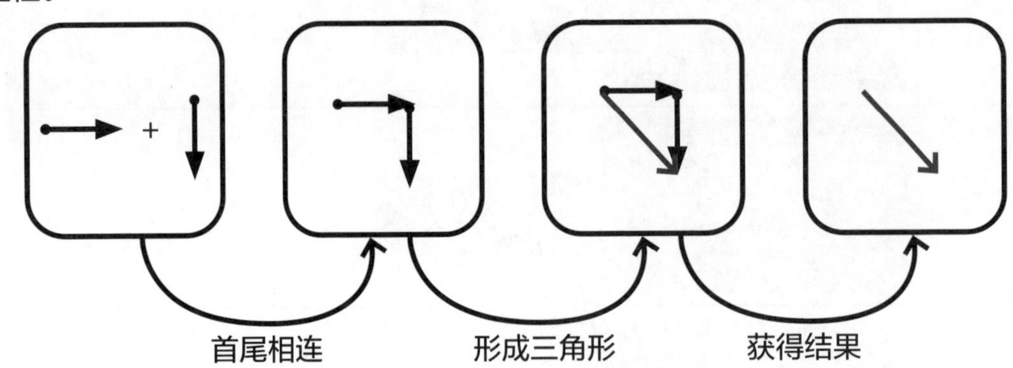

该结果可以通过下面的程序进行验证，试试看恶魔的移动方向是否和上面红色箭头指向的方向一致（朝右下方运动）。

本课小结

每次学习新的知识后及时总结，我们可以更加牢固地掌握知识。回想一下这节课你学会了些什么，根据自己的掌握情况给小鱼涂色，然后记录你的学习体验、有趣的想法。

课后评价及总结	
理解精灵速度正值和负值的含义。	
能够通过按键 A、B 控制精灵的移动速度。	
理解并掌握定时刷新指令的用法。	
总结：	

附：魔法考核答案

第 1 题：A　　第 2 题：C

第 10 课 生长魔法

课程引入

魔法师经常要到各个星球执行任务，有些星球没有生命，因此执行任务期间如何吃到新鲜的蔬菜、水果以保持身体健康是一个大问题。

喵星学院经过无数次改良和实验后，研发出了一款可以在任何环境中生长的苹果，以及能够促进苹果快速生长和结果实的生长魔法。接下来让我们一起学习这种神奇的生长魔法吧！

任务发布

扫码查看参考程序

设计农场地图，里面有一棵苹果树，玩家按下按键 A 就会立刻生成苹果。生成的苹果会飞向任意方向。喵小灰每吃到一个苹果，生命值加 1；如果某个苹果没被喵小灰吃到，到达屏幕边缘后会自动消失。

魔法小课堂

弹射物

在游戏中，经常可以看到玩家精灵或 NPC 精灵使用弓箭、枪支等工具发起远程攻击。在攻击过程中，羽箭、子弹这类元素离开玩家精灵或 NPC 精灵后，会按照一定的轨迹运动。

这类通过投射起作用的元素，我们称之为弹射物（Projectile），在 MakeCode Arcade 中，“精灵”指令库里有专门的“弹射物”分栏。使用该分栏中的指令，可以让某个精灵具备发射弹射物的能力，也可以让弹射物从屏幕边缘以特定速度不断产生。

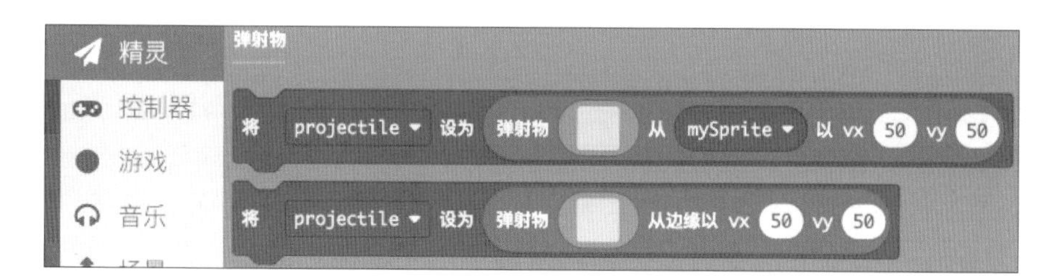

下图所示为当玩家按下按键 A 时，玩家精灵就发射飞镖（以小石头表示）的程序。当玩家按下按键 A 时，飞镖从玩家精灵所在的位置以 100 的速度水平向右发射。

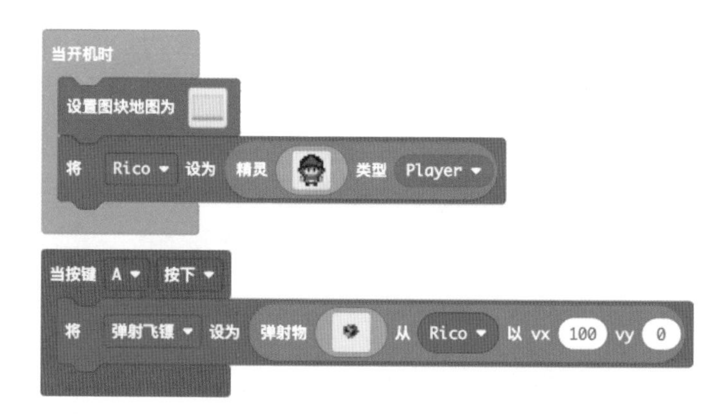

这种效果，我们也可以通过创建精灵实现，那么用这两种方法创建的弹射物有什么区别呢？你可以在自己的计算机上试一试，编写下页图所示程序，总结两种方法的差异。

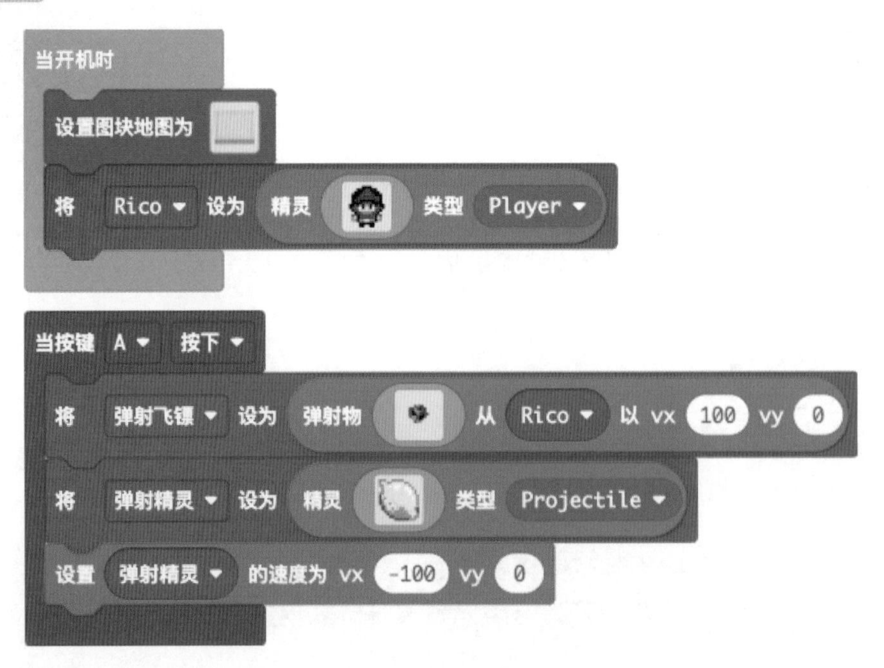

通过测试，我们可以发现，当我们把精灵作为投射物时，精灵碰到屏幕边缘后，会停留在屏幕边缘；而使用“弹射物”分栏中的指令创建的弹射物，在碰到屏幕边缘后则会自动销毁。

生命值

在探险类、战争类游戏中，都有生命值、血条等概念，玩家精灵在进行战斗时如果被击中则会损失生命值，生命值耗尽则会死亡。

MakeCode Arcade 的“游戏信息”指令库将与生命值相关指令放在“生命值”分栏中，我们使用里面的指令可以轻松给游戏加上生命值功能。

下边右图屏幕左上角的 1 个桃心显示的是生命值为 1 时的状态。

魔法演习

第 1 步：新建项目

打开 MakeCode Arcade 网站，新建项目，将项目名称设置为“第 10 课 生长魔法”。

第 2 步：布置场景

新建如右图所示的 10 图块 ×8 图块地图，确保中间留有足够的空间放置苹果树。

新建玩家精灵，并设置其由按键控制移动。确定其初始位置为左上角，并新建一个苹果树精灵，类型为“树木”。

第 3 步：苹果魔法

按按键控制苹果产生：从“控制器”指令库中拖曳出“当按键 A 按下”指令，然后从“精灵”指令库中找到“弹射物”分栏，拖曳出下页图所示的指令，并修改弹射物名称为“苹果”，将其外形也修改为苹果的样子，发射点选择为前面新建的苹果树精灵。

当按键 A 按下
将 苹果 设为 弹射物 从 苹果树 以 vx 50 vy 50

优化抛出方向：现在所有苹果都朝一个方向抛出，使用“数学”指令库中的“选取随机数，范围为 0 至 10”指令，将数值范围改为“-100 至 100”，如下图所示。

第 4 步：吃苹果设置

从“精灵”指令库中“重叠”分栏里拖曳出精灵重叠检测指令，然后拖曳出“销毁 mySprite”指令，将“mysprite”改为“otherSprite”，将“otherSprint”的类型改为“Projectile”，如下图所示。

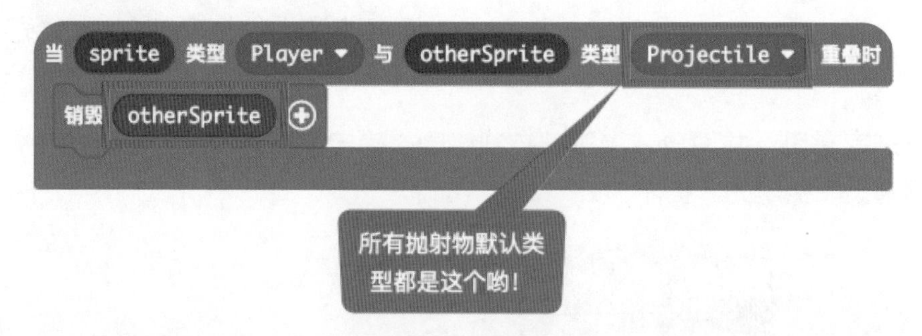

设置生命值：在“当开机时”指令内部最后一行加上“设置生命值为 3”指令，将“3”改为“1”，然后在精灵重叠检测指令里的“销毁 otherSprite”指令下方加上“生命值增加 -1”指令，最后将“-1”改为 1。

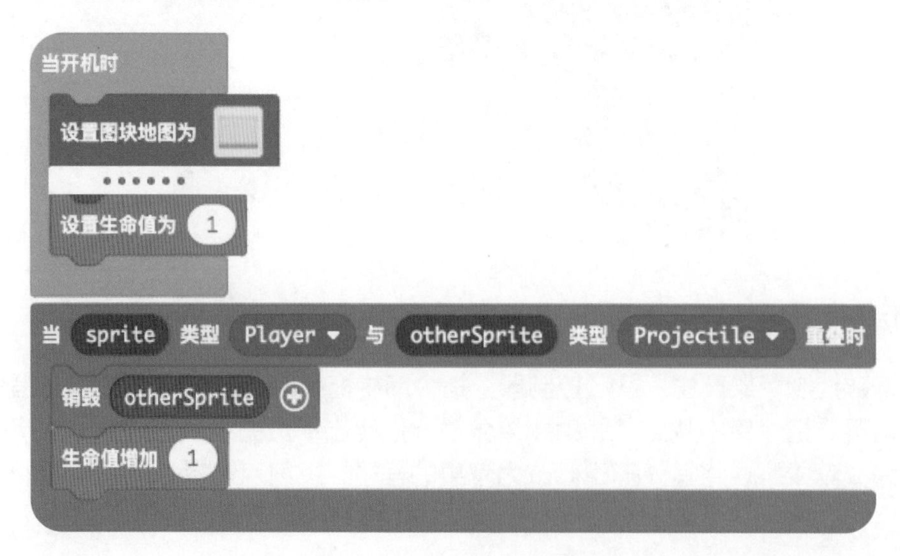

第 5 步：程序测试与保存

在左侧模拟器中运行程序，看看是否全部按照预期运行。如果符合预期，将程序下载到喵比特中，若运行的效果也符合预期，则将程序保存到计算机中。

任务拓展

修改程序，给苹果树增加每隔 5 秒自动产生一颗宝珠的功能，并且不影响原来的按下按键 A 产生苹果的功能，宝珠造型如右图所示。

扫码查看参考程序

魔法考核

考核 1：下列关于弹射物和普通精灵的说法，正确的是？（　　）
A. 弹射物只是精灵的另一种说法
B. 弹射物遇到屏幕边缘会自动反弹，普通精灵不会反弹
C. 弹射物遇到屏幕边缘会自动消失，普通精灵不会消失
D. 精灵和弹射物遇到屏幕边缘都会停住不动

考核 2：简要写出如何给游戏增加生命值功能。

魔法链接：设置多个弹射物

在游戏中，不同弹射物造成的伤害一般不同；而在 MakeCode Arcade 中，所有弹射物默认都属于“Projectile”类型，在进行精灵重叠检测时，不能区别重叠的弹射物名称。

要想实现对不同弹射物的识别，需要从“精灵”指令库的“重叠”分栏中，找到“设置 mySprite 的类型为 Player”指令，如下图所示。

在每次创建弹射物后重新设置弹射物类型，然后在精灵重叠检测指令中，修改重叠精灵类型。如下图所示，在创建弹射物“苹果”后，立刻将其设置为新建的类型“果实”，然后在精灵重叠检测指令中将“otherSprite”的类型改为“果实”。

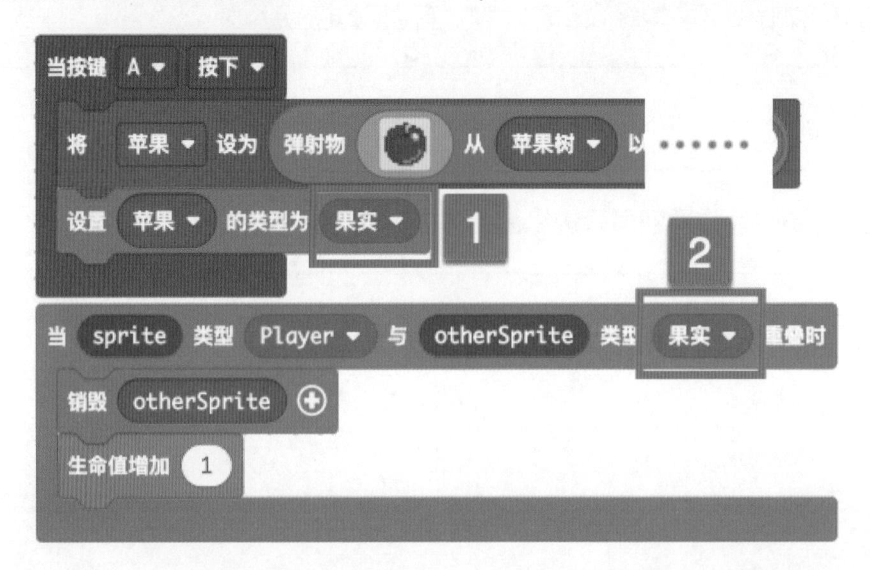

想要给不同弹射物创建不同的重叠事件时，只要将不同的弹射物设置为不同的类型即可。

本课小结

每次学习新的知识后及时总结，我们可以更加牢固地掌握知识。回想一下这节课你学会了些什么，根据自己的掌握情况给小鱼涂色，然后记录你的学习体验、有趣的想法。

课后评价及总结	
理解弹射物与普通精灵的区别。	
掌握弹射物重叠事件的设置方法。	
掌握生命值的使用方法。	
总结：	

附：魔法考核答案

第 1 题：C

第 2 题：在“当开机时”指令内，使用“设置生命值为 3”指令初始化精灵的生命值，然后在需要修改生命值的地方使用“生命值增加 -1”指令。

第 4 章 魔法图书馆

每一名魔法师的时间都很珍贵，他们需要不断在各个星球之间穿梭，消灭恶魔。

在课堂上能够掌握的魔法只占全部魔法的一小部分，如果想要进一步提升实力，需要到记录了无数魔法的魔法图书馆学习。

接下来，喵小灰将会学习使用魔法图书馆中记录的魔法，提升自己的实力，让我们一起来看看魔法图书馆里记录了哪些神奇的魔法吧！

第 11 课 投射魔法

课程引入

每一名魔法师都梦想着研发出属于自己的魔法，在喵星学院几万年的历史里，诞生了无数非常厉害的魔法师，他们无一例外地将自己研发的魔法贡献给了图书馆。

所以在研发属于自己的魔法前，最好先在图书馆里找一找有没有近似的魔法。喵小灰作为新生，需要先学会如何使用图书——扩展。

喵小灰经过研究，决定从提高命中率的投射魔法入手，使用相关扩展指令库制作一个投篮游戏。

任务发布

扫码查看参考程序

加载“darts”扩展指令库，制作一个投篮游戏，要求如下。

（1）使用上、下方向按键控制投篮角度，使用左、右方向按键控制投篮速度。

（2）在屏幕上实时显示不同角度对应的投篮轨迹线。

（3）按下按键 A 投篮，投中加 1 分，投中后自动产生新篮球，一旦没有投中就不能再投。

魔法小课堂

MakeCode Arcade 的扩展指令库

除了使用 MakeCode Arcade 自带的指令库外，你还可以在程序中使用其他人（第三方）开发的扩展指令库。通过扩展指令库，我们可以轻松做出很多有趣的效果，大大提高游戏开发效率。

如果要使用扩展指令库，可以如下图所示，先展开指令库下方的“高级”，在弹出的新指令库中，单击最底部的“扩展”。

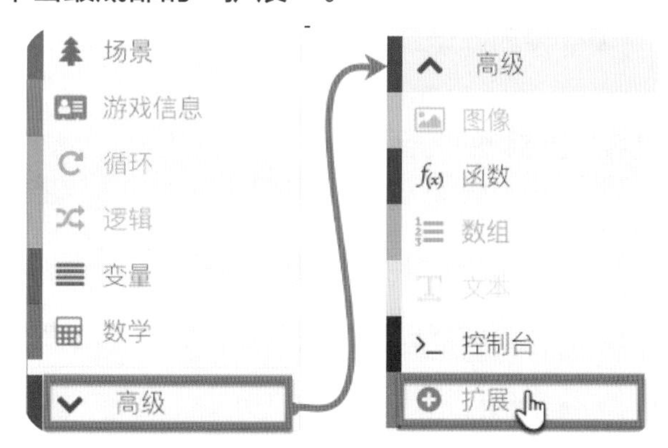

弹出的扩展指令库选择页面分为两部分，第一部分是顶部的扩展指令库搜索框，第二部分是搜索框下面以卡片展示的扩展指令库。

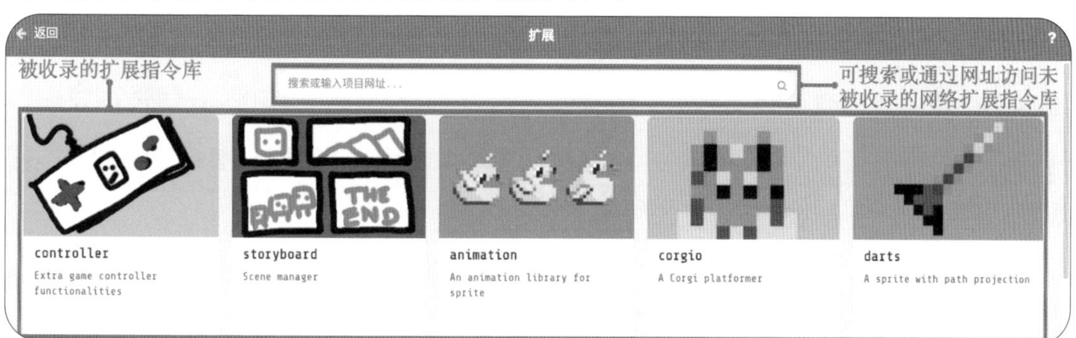

每一种扩展指令库都有特殊的功能，本节课我们要使用的是“darts”指令库，该指令库集成了一些模拟现实中投射飞镖的功能，如下图所示单击该指令库，在指令库的最上方会出现一个名为“飞镖”的指令库。

该指令库中有很多指令，下面为本节课需要用到的几种指令的介绍。

将 myDart 设为 飞镖 种类 Player ⊕：创建一个飞镖对象，设置飞镖的名称，单击灰色方块可以设置飞镖外观。

控制 myDart 以箭头键 ⊕：使用上、下方向按键控制飞镖对象的投射角度，使用左、右方向按键控制飞镖对象的投射速度。

扔 myDart：投射指定名称的飞镖。

跟踪 myDart 路径估计 ⊕：在屏幕上用一连串的白色小圆点实时显示飞镖此时投出的运动路径。当使用该指令时，最好搭配黑色的背景，避免无法看清白色小圆点。

改变 myDart 的 角度 以 0：改变飞镖当前朝向的角度，默认朝向的角度为 0。逆时针旋转时，角度由 0 度缓慢增大到 180 度；顺时针旋转时，角度则由 0 度缓慢减小到 −180 度。

myDart 精灵：当我们想让某个指定的飞镖与 MakeCode Arcade 自带指令库创建的精灵进行交互时，需要使用这个指令。这样就能通过“精灵”指令库中的“设置 mySprite 的类型为 Player”指令设置飞镖的精灵类型。

第 1 步：新建项目

打开 MakeCode Arcade 网站，新建项目，将项目名称设置为“第 11 课 投射魔法”。

第 2 步：布置场景

新建如下图所示的 10 图块 ×8 图块地图，设置好投篮点和篮圈，在篮圈上下各加一块砖，并将砖和篮圈设置为墙。

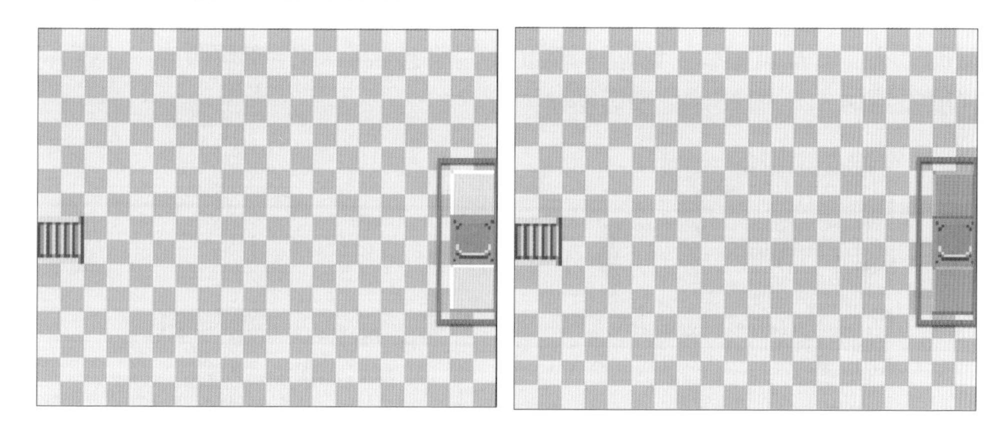

第 3 步：设置篮球

造型设计：使用“飞镖”指令库中的“将 myDart 设为飞镖……种类 Player”指令创建一个飞镖对象（篮球），其外观可以从宝珠修改而来，如下图所示。

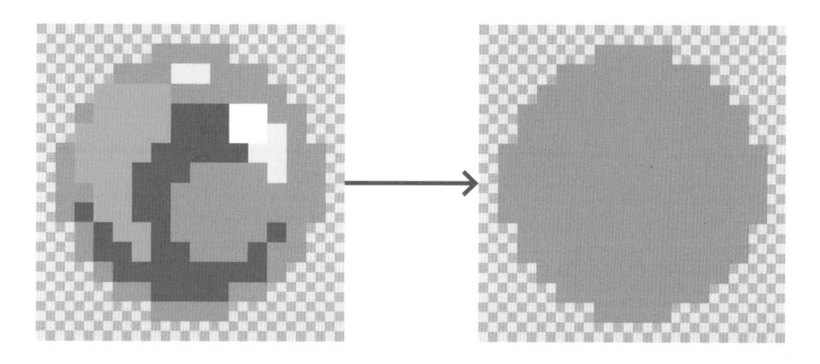

放置篮球：通过“场景”指令库中的“放置 mySprite 到随机位置的图块……上面”指令，将篮球放置到左侧投篮点的地图图块上。注意不能直接通过“mySprite”后面的下拉框选择代表飞镖的“myDart”，而是使用“飞镖”指令库中的“myDart 精灵”指令替换“mySprite”，如下页图所示。

当开机时
设置图块地图为
将 myDart 设为 飞镖 种类 Player
放置 myDart 精灵 到随机位置的图块 上面

篮球初始化设置：因为会有投篮检测，所以需要先通过“精灵”指令库中的“设置 mySprite 的类型为 Player”指令，设置篮球的精灵类型为 Player，然后根据前面学习的“飞镖”扩展指令，给篮球增加方向按键控制、路径预测功能，最后将角度控制精度设置为 10，并初始化投篮得分为 0。

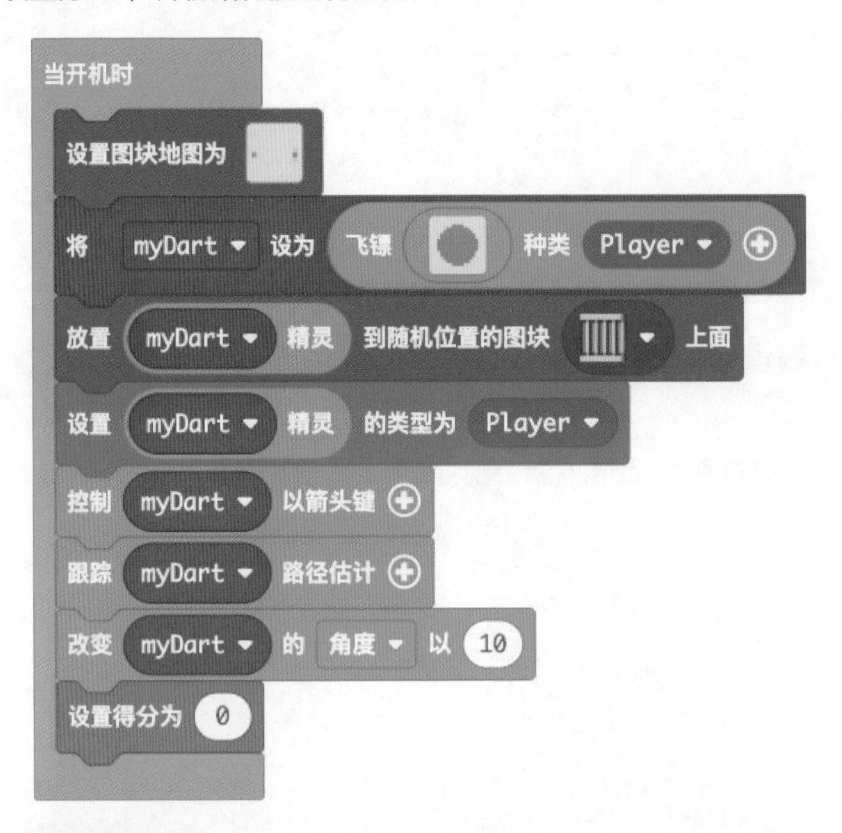

第 4 步：投篮设置

投篮控制：根据前面的任务要求，玩家按下按键 A 就要投出篮球，所以我们从“控制器”指令库中拖曳出“当按键 A 按下”指令。然后从“飞镖”指令库中找到“扔 myDart”指令，将其拖曳至“当按键 A 按下”指令中，如下页图所示。

投篮检测：当篮球与代表篮圈的图块重叠时，表示进球，得分加 1，程序如下图所示。

篮球销毁与投放：根据任务的要求，篮球被投进篮圈之后需要在投篮点重新产生一个篮球，所以我们把已投进的篮球销毁，再根据创建篮球时的设置，重新创建一个篮球并将它放置到投篮点。

第 5 步：测试与保存程序

在左侧模拟器中运行程序，看看是否全部按照预期运行。如果符合预期，将程序下载到喵比特中，若运行效果也符合预期，则将程序保存到计算机中。

任务拓展

修改程序，当没有投进篮球时，玩家可以按下按键 B 清空积分，重新开始游戏。

魔法考核

考核 1：关于 改变 myDart 的 角度 以 0，正确的说法是？（ ）
A. 设置的值越大，通过上、下方向按键调整投射角度时，精度越高
B. 设置的值越大，飞镖的速度越快
C. 设置的值越大，飞镖的体积越大
D.0 代表飞镖朝向不改变

考核 2：简要写出如何加载插件。

魔法链接：加载第三方扩展指令库

MakeCode Arcade 支持加载个人开发的扩展指令库，直接输入扩展指令库地址即可加载，那么这个地址可以从哪里找呢?

实际上，MakeCode Arcade 支持从一个全球著名的项目托管网站 GitHub 加载扩展指令库。

认识 GitHub

GitHub 于 2008 年 4 月 10 日正式上线，主要功能为托管代码仓库。该平台于 2018 年 6 月 4 日被微软公司收购。

GitHub 可以免费注册，每个用户都可以上传自己的项目代码，同时可以查看其他人的代码，甚至可以对别人的代码提出修改意见。

除此之外，开发者在 GitHub 上还可以多人协作完成同一个项目。下图所示为其首页界面。

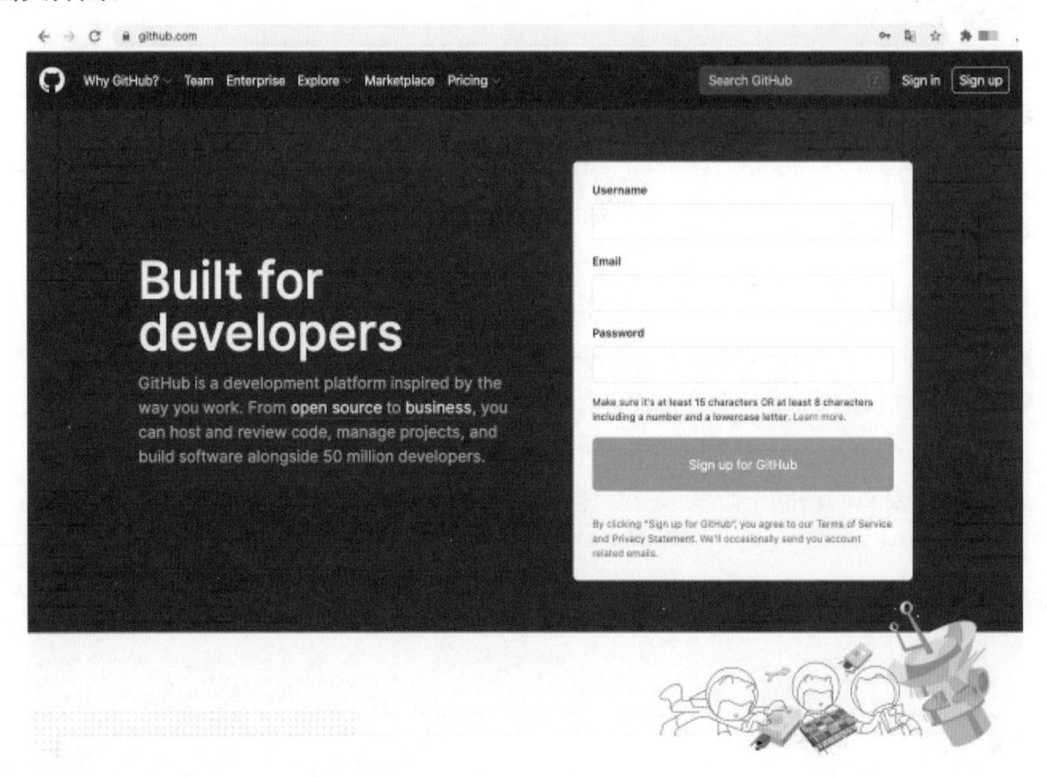

加载第三方扩展指令库示例

接下来以加载小喵开发的“powerbrick”插件为例，讲解加载第三方扩展指令库的步骤。

1. 找到想加载的扩展指令库的项目网址，并在地址输入栏中输入网址，然后单击搜索图标。

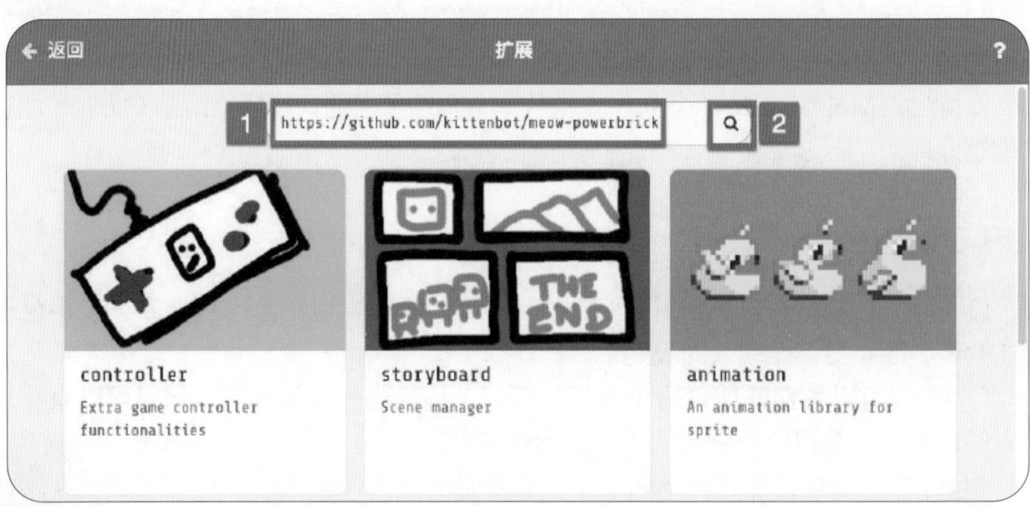

2. 如右图所示，单击出现的“powerbrick”，即可成功加载扩展指令库。

3. 加载完成后，在“数学”指令库下方会出现“Powerbrick”指令库，如下图所示。

4. 如果想删除已经加载的扩展指令库，可以先单击顶部的“JavaScript”图标，然后单击模拟器下方的“资源管理器”。

5. 在弹出的资源列表中找到下图所示写有“powerbrick”字样的一行，单击垃圾桶图标，即可删除该扩展指令库。

本课小结

每次学习新的知识后及时总结，我们可以更加牢固地掌握知识。回想一下这节课你学会了些什么，根据自己的掌握情况给小鱼涂色，然后记录你的学习体验、有趣的想法。

课后评价及总结	
了解加载扩展指令库的两种方法。	
熟练应用飞镖扩展指令库创作带轨迹预测的投射物体。	
能够编写精灵与飞镖重叠事件。	
总结：	

附：魔法考核答案

第 1 题：D　　第 2 题：答案见前面“魔法小课堂”部分。

第 12 课 生命魔法

课程引入

到目前为止，我们在 MakeCode Arcade 世界中创建的玩家精灵不论是移动，还是攻击恶魔，看起来都不太真实，它就像是一张纸片在屏幕里移动。

要解决这个问题，就得学习图书馆中的生命魔法：动画。通过“动画”扩展指令库，我们能够让角色在运动时，看起来更加自然。

任务发布

加载“animation”扩展指令库，结合前面的知识，制作一个游戏，要求如下：
（1）通过按键控制玩家精灵移动时，玩家精灵有转身、行走的动画效果。
（2）玩家按下按键A后，玩家精灵做出拔剑斩击动作，发出的剑气可以消灭恶魔。
（3）恶魔不断从屏幕右侧产生，产生时间间隔为0.5～2秒，恶魔产生后向左移动。
（4）恶魔被剑气击中后会解体为粉末。

魔法小课堂

扫码查看参考程序

“animation”扩展指令库

“animation”扩展指令库是 MakeCode Arcade 收录的数十个扩展指令库之一，它可以让精灵具有动画的效果，其在扩展页面的位置如下图所示，它的代表图标是 3 只小黄鸭。

加载此扩展指令库后，在“游戏信息”指令库下方会出现“动画”指令库，该指令库由“动画”“Advanced”两个分栏组成，编程时，最好使用“动画”分栏的指令。

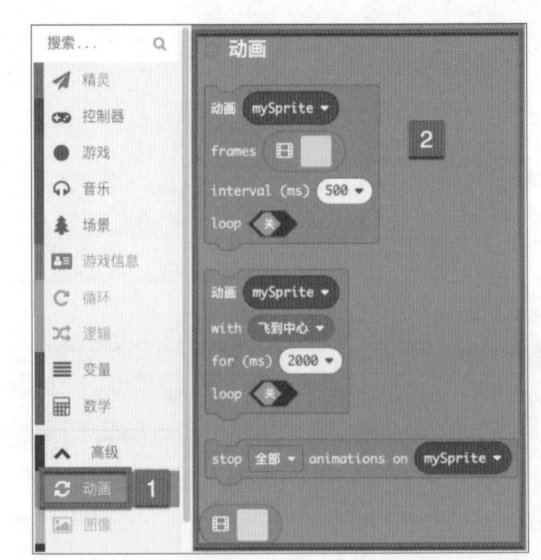

该指令库中常用的两个指令及其功能说明如下。

让指定的精灵做某个动作一段时间。

动画 mySprite：单击倒三角，选择要设置动画的精灵。

with 飞到中心：选择要做的动作，单击“飞到中心”，后面的倒三角可以查看有哪些动作可选。

for（ms）2000：完成该动作所需的时间，单击“2000”可以输入新的时间，单位为毫秒。

loop 关：重复执行开关，单击“关”后，该部分变为“loop 开”，此时精灵会不断执行这个动作。

注意：一般在该指令后面需要使用“循环”指令库中的“暂停 100 毫秒”指令，将暂停时间修改为该指令的动作时间，避免动作没做完就接收到其他控制指令。

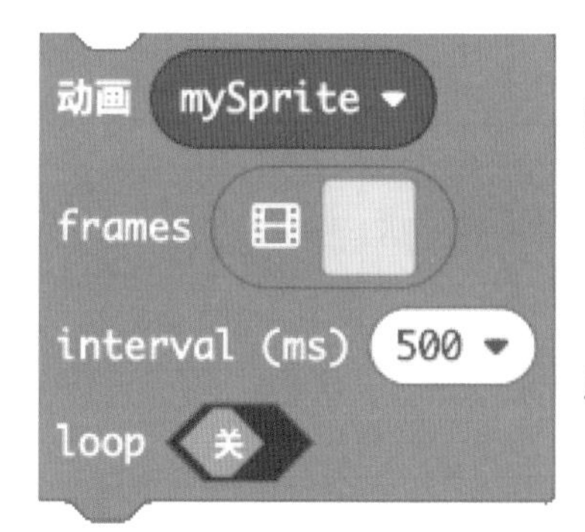

让指定精灵的造型按照设计的样子，以指定时间间隔切换。

动画 mySprite：单击倒三角，选择要设置的精灵。

frames：单击灰色方块，设置要切换为哪些造型。

interval（ms）500：设置每个造型持续的时间，单位为毫秒。

loop 关：重复执行开关，单击“关”后，该部分变为“loop 开”，此时精灵会重复切换造型。

恶魔攻击动画示例

1. 创建恶魔精灵，并在加载“animation”扩展指令库后，将动画指令拖曳到创建精灵指令下方，如右图所示。

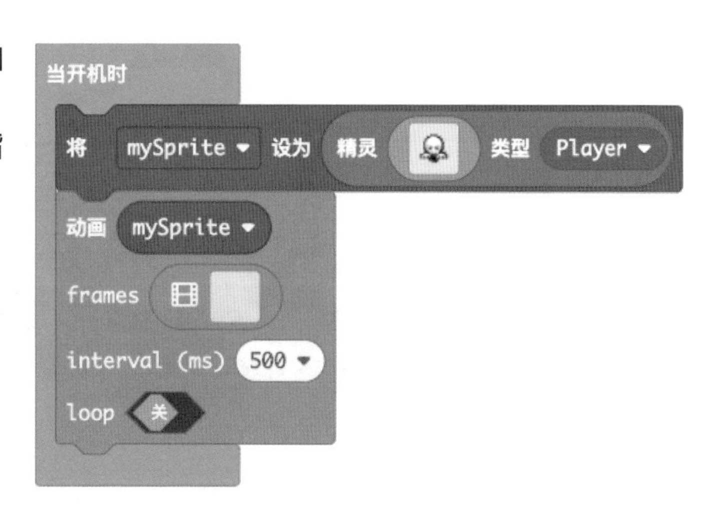

2. 单击“frames”指令后面的灰白色方块打开动画编辑器，如下图所示。

3. 在弹出的动画编辑器中，从图库选择一张图片作为动画的第一个造型。

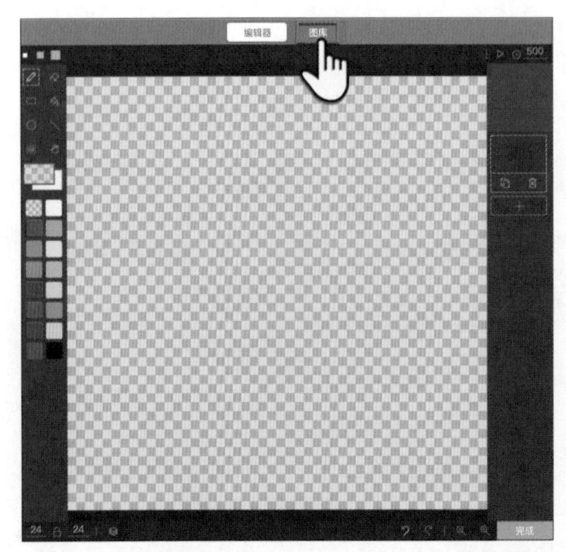

4. 选择第一个造型后，页面回到造型编辑器，单击右侧的“+”图标，即可增加一个造型，新造型选择步骤与步骤 3 相同。

5. 按照这种方式添加另外 6 个造型，如下图所示。

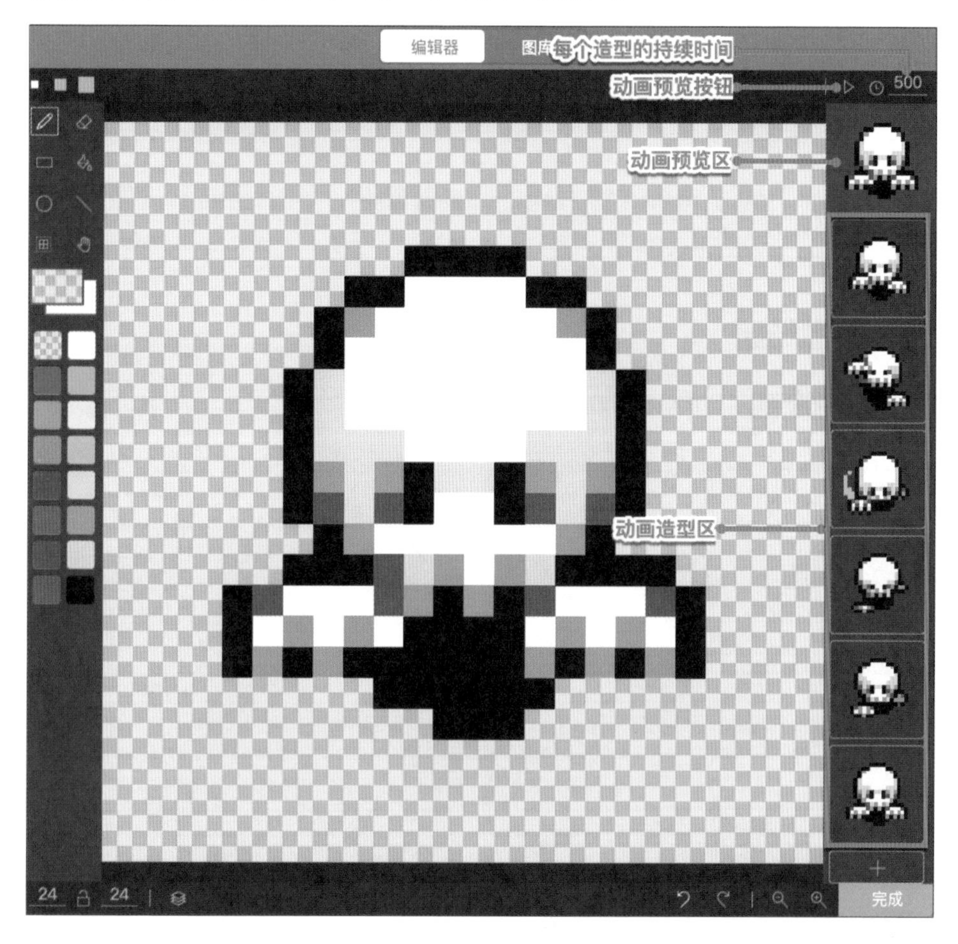

6. 修改每个造型的持续时间，然后单击动画预览按钮，看看动作是否流畅，如果动作太慢，可以缩短造型持续时间，直到动作速度比较合适。每个人对合适的定义不一样，只要你自己喜欢就行。

7. 设置完成后，单击右下角的“完成”按钮，然后在编程界面左侧模拟器中观看动画效果。因为动画指令在“当开机时”指令内，所以需要单击模拟器上的 按钮，才能查看动画效果。

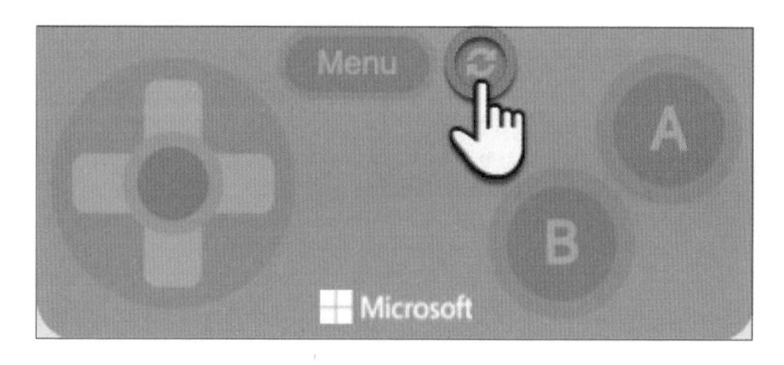

魔法演习

第 1 步：新建项目

打开 MakeCode Arcade 官方网站，新建项目，将项目名称设置为”第 12 课生命魔法“。

第 2 步：布置场景

可参考下图新建 10 图块 ×8 图块地图。

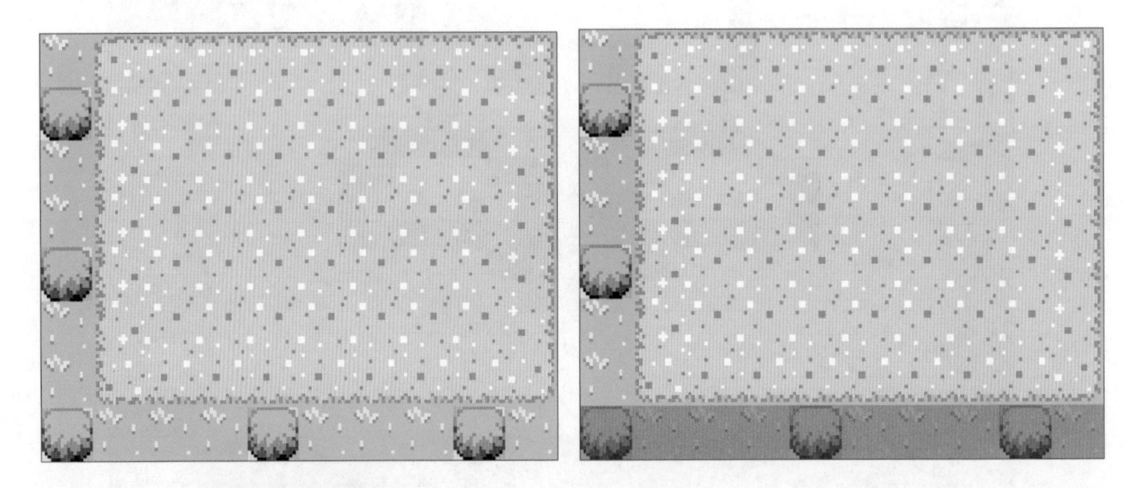

第 3 步：设置玩家精灵

创建玩家精灵，并修改名称、造型，然后设置通过按键移动玩家精灵，程序如下图所示。

使用动画相关指令增加一个入场特效，并添加等待时间，具体程序如下页图所示。“反弹（左）”会让精灵像被从右边墙壁反弹到左侧一样。

第 4 步：行走动画

当玩家按下右方向按键时，玩家精灵需要有不断向右移动的动画效果；当玩家松开右方向按键时，玩家精灵要改为朝向右侧站立，因此新建下图所示两个按键事件。

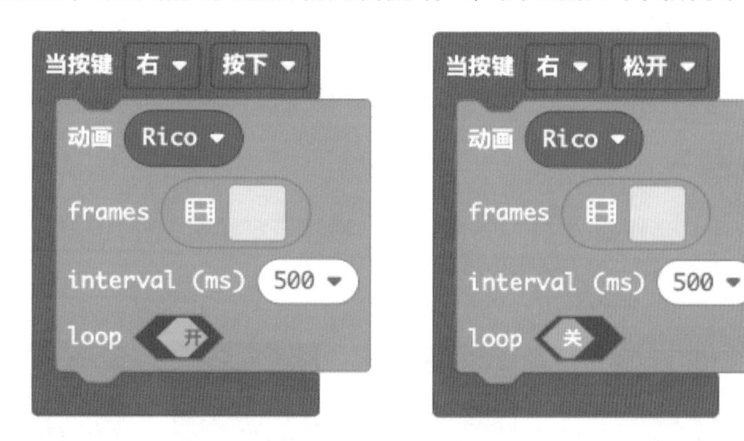

通过切换两个造型，实现玩家精灵向右移动的效果，调整每个造型的持续时间到合适值，如下页左图所示。

当松开右方向按键时，玩家精灵要停止走动，并且朝向右侧，所以在“当按键右松开”指令中，只设置一个向右的造型即可，如下页右图所示。

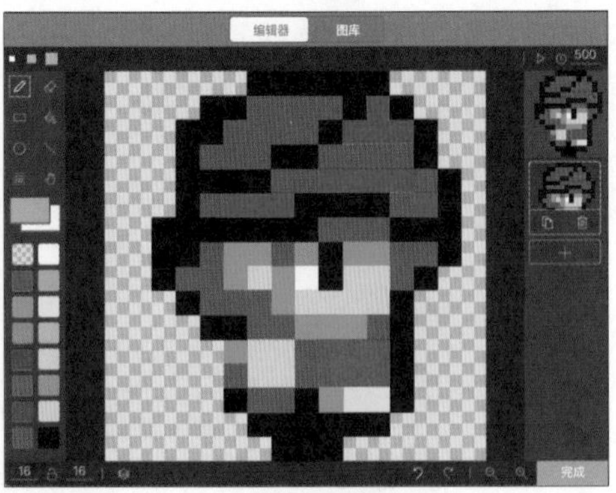

同理，编写其他 3 个方向的程序，如下图所示。

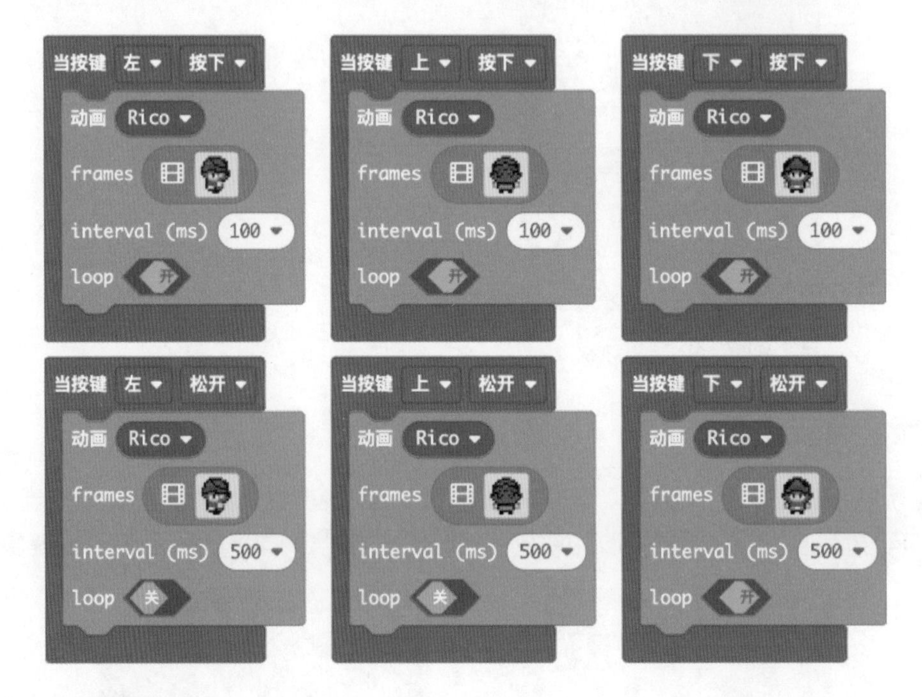

第 5 步：挥剑程序

挥剑动画：在“当按键 A 按下”指令中，设置玩家精灵做出挥剑动作的动画，程序、挥剑造型及持续时间设置如下图所示。

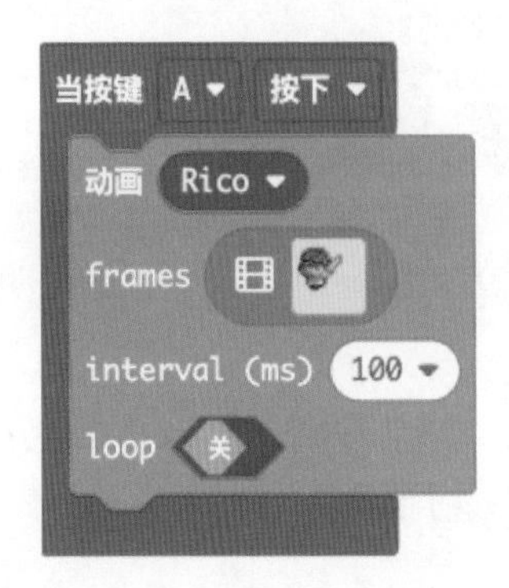

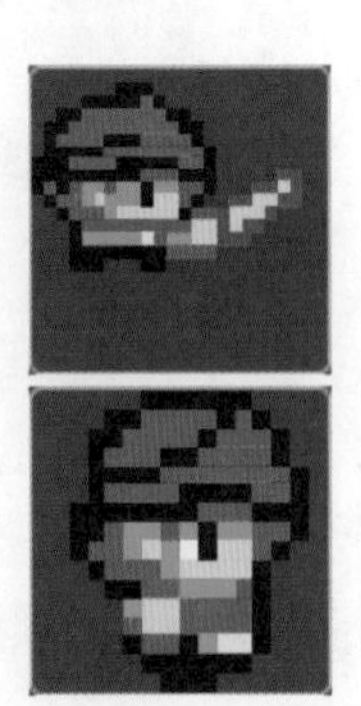

发射剑气：根据前面的动画造型，在第 3 个造型出现时发射剑气，所以如下图所示，暂停 300 毫秒后，新建名为“attack”的弹射物，它从玩家精灵所在位置以 100 的水平速度向右弹出。

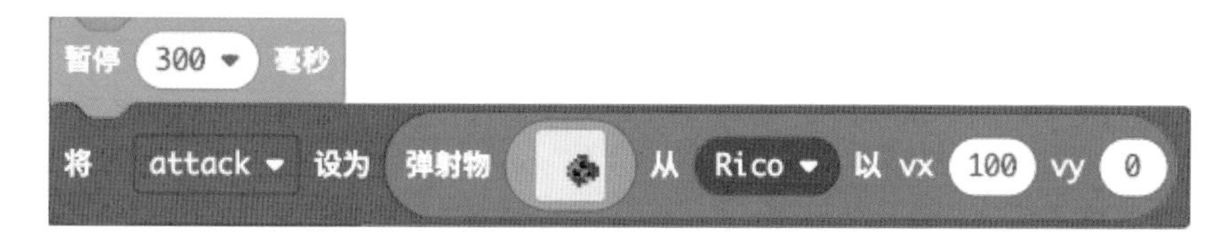

剑气动画：与给玩家精灵添加挥剑动画类似，给发射出的剑气增加动画效果，程序如下图所示。

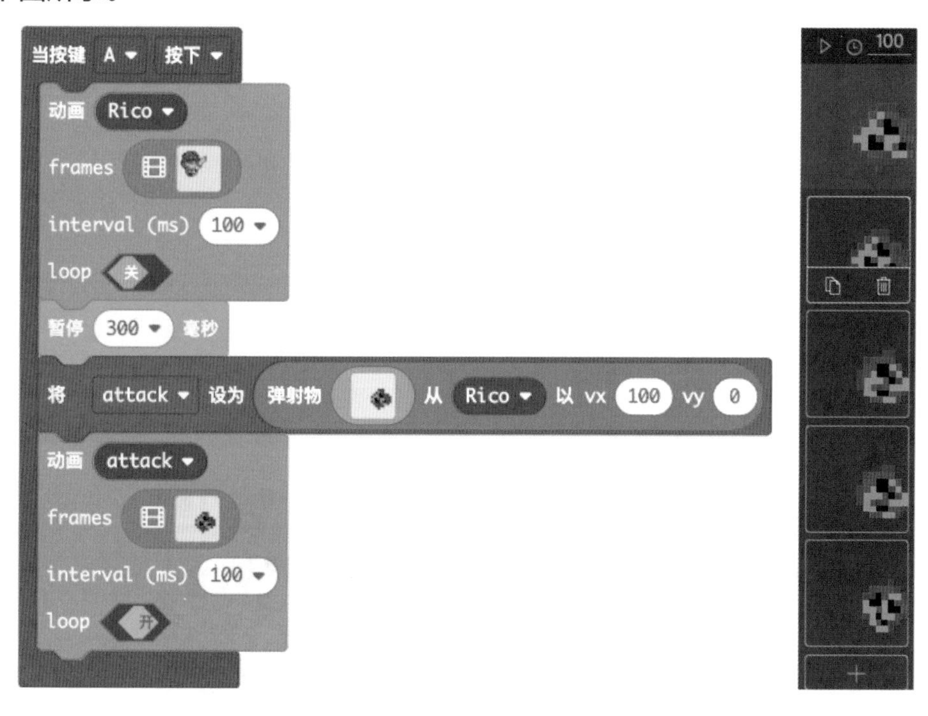

第 6 步：恶魔程序

根据前面学习的知识，让恶魔从屏幕右侧随机位置，作为投射物向左移动，类型设置为“Enemy”。

碰撞事件：设置剑气与恶魔重叠时的效果——销毁恶魔（otherSprite）和剑气(Sprite)，单击“销毁 mySprite”指令后面的“+”，在弹出的特效选项里选择特效为“解体”，持续时间分别为 200 毫秒、100 毫秒。

第 7 步：测试与保存程序

在左侧模拟器中运行程序，看看是否全部按照预期运行。如果符合预期，将程序下载到喵比特中，若运行效果也符合预期，则将程序保存到计算机中。

任务拓展

修改程序，给游戏增加得分和倒计时功能。

魔法考核

考核 1：动画相关指令里的“interval”代表什么？（　　）
A. 每个造型的持续时间
B. 动画总时长
C. 造型数量
D. 动画执行次数

考核 2：动画相关指令里的“loop 开 / 关”代表什么？（　　）
A.“loop 开”代表角色重复执行该动画程序
B.“loop 开”代表角色绕圈圈
C.“loop 关”代表让角色变暗
D.“loop 关”代表让角色执行一次动画程序后，自动销毁

魔法链接：视觉暂留现象

你是否想过，为什么我们只是让精灵切换造型，就可以让精灵看起来是在连贯地运动呢?

实际上，这是一种叫作视觉暂留的现象的作用。人眼在观察景物时，光信号传入大脑神经，需要经过一段短暂的时间。光消失后，它的视觉形象并不会立刻消失，就像光还在那里一样。

早在宋朝，人们制作走马灯时，就已经运用了视觉暂留现象。早期的胶片电影就是通过一张张照片记录影像，当照片快速切换时，人们看到的画面就变连贯了。

MakeCode Arcade 的“动画”扩展指令库，把每一个画面称为 1 帧，只要有 2 帧及以上就可以做出动画效果。

本课小结

每次学习新的知识后及时总结，我们可以更加牢固地掌握知识。回想一下这节课你学会了些什么，根据自己的掌握情况给小鱼涂色，然后记录你的学习体验、有趣的想法。

课后评价及总结	
了解加载“animation”扩展指令库的方法。	
熟练应用“animation”扩展指令库制作动画效果。	
了解视觉暂留现象，并在编程中应用。	
总结：	

附：魔法考核答案

第 1 题：A　　第 2 题：A

第 13 课 宠物魔法

课程引入

有一些恶魔非常善于隐藏，如果想要找到它们，就必须要使用善于寻找踪迹的电子生物。

喵星学院有各种电子生物，其中最受欢迎的是一种可以通过宠物魔法召唤的小狗。喵小灰即将开启实战训练，所以他也准备学习该魔法，召唤并训练一只追踪能力强大、配合默契的小狗。

让我们和喵小灰一起学习如何使用宠物魔法，召唤并训练小狗吧！

任务发布

扫码查看参考程序

加载“corgio”扩展指令库，结合前面所学的知识，制作一个小狗跑酷游戏，要求如下。

（1）通过按键控制小狗移动和跳跃。

（2）小狗每隔 2 ~ 5 秒说一句话。

（3）小狗跑到终点后，显示获胜画面。

魔法小课堂

“corgio”扩展指令库

“corgio”扩展指令库是 MakeCode Arcade 收录的数十个扩展之一，它提供了一系列快速创建并控制小狗的指令，其在扩展页面的位置如下图所示，它的代表图标是一只像素化的小狗。

加载该扩展指令库后，“精灵”指令库上方会出现一个“小狗”指令库，该指令库有“创建”“移动”“说话”“属性”4 个分栏，如下图所示。

可能会用到的指令及其功能说明如下。

将 myCorg 设为 小狗的种类 Player ：创建一只小狗，设置小狗的名称，单击后面的“+”能够设置小狗出现在屏幕上的位置。

改变背景当 myCorg 正在移动 ：当小狗运动时，让小狗的外形看起来有变化，运动效果更逼真。

让 myCorg 跳跃当向上箭头按下 ：给小狗增加跳跃功能，按一下上方向按键时，小狗直接向上跳跃；连续按 2 次上方向按键时，小狗向上跳跃并会在空中再跳一次，实现连续跳跃的效果，也叫“二段跳”（注意，小狗最多连续跳跃 2 次）。

用方向键让 myCorg 左右移动 ：通过左、右方向按键，控制小狗左、右移动。

使镜头跟随 myCorg 左右 ：使用该指令后，当地图长度大于一个屏幕长度时，小狗会始终显示在屏幕中。

让 myCorg 吠！：控制小狗从自己会的话里，随机说出一句。注意在使用本指令前，需要用“教 myCorg 单词‘bark’”指令教它一些话（这里虽然写为单词，但实际可以输入句子）。

教 myCorg 单词 "bark" ：教给小狗一些话，它说话时会从学会的话中随机说一句。

myCorg 精灵 ：将小狗转换为精灵，当需要让小狗与其他精灵或者地图图块交互时，一般需要通过该指令与“设置 mySprite 的类型为 Player”指令，让小狗具备精灵的类型。

魔法演习

第 1 步：新建项目

打开 MakeCode Arcade 网站，新建项目，将项目名称设置为“第 13 课 宠物魔法”。

第 2 步：布置场景

因为这是跑酷游戏，所以地图的长度需要比较长，故新建 24 图块 ×8 图块地图。设置一些墙壁，在终点放置一个代表终点的图块，具体可参考下图。

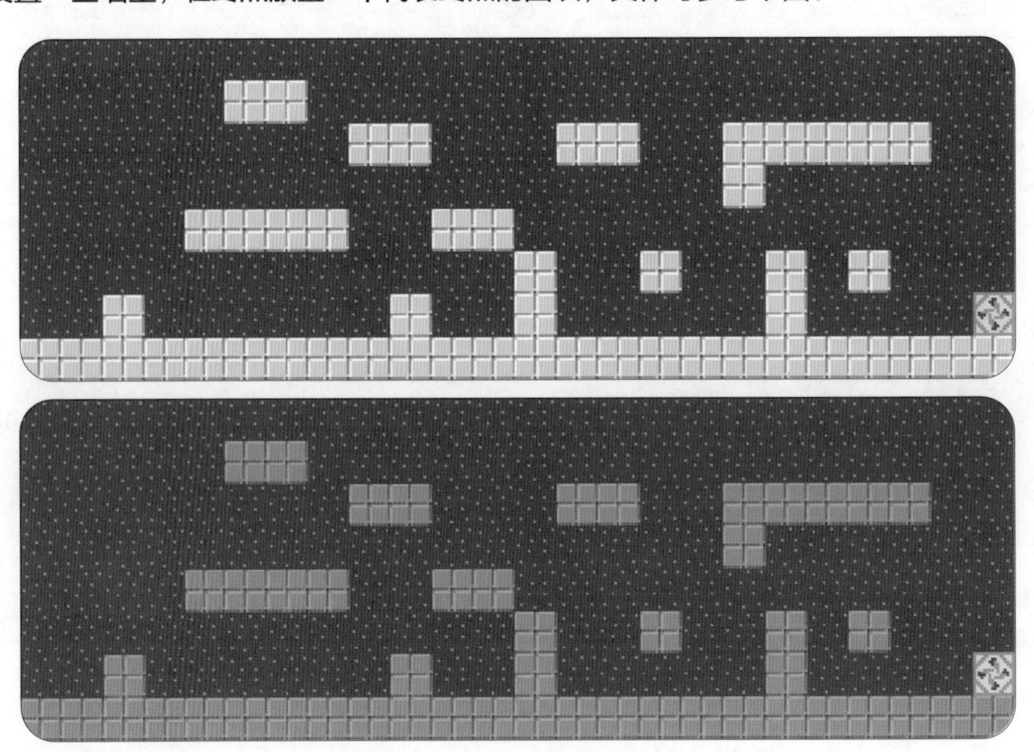

第 3 步：设计小狗

加载“corgio”扩展指令库，创建一只小狗，我们可以根据需要修改小狗的名字，不过需要注意的是，小狗的造型是无法修改的，只能使用默认造型。

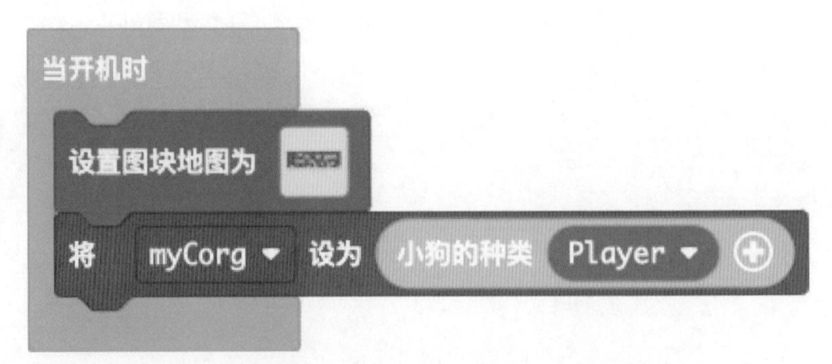

设置小狗的属性：使用对应指令，设置小狗的控制方法，并让镜头始终跟随小狗，程序如下图所示。

当开机时
设置图块地图为
将 myCorg 设为 小狗的种类 Player
用方向键让 myCorg 左右移动
让 myCorg 跳跃当向上箭头按下
使镜头跟随 myCorg 左右
改变背景当 myCorg 正在移动

设置小狗的类型及对话：因为后面要检测小狗是否到达终点，所以需要先设置小狗的精灵类别，然后教小狗几句话。

第 4 步：实现游戏效果

小狗随机说话：从“游戏”指令库中找到“当游戏每隔 500 毫秒更新时”指令，将其中的 500 用“数学”指令库中的“选取随机数，范围为 0 至 10”指令替换。

根据题目要求，将随机数范围修改为 2000 至 5000。将“小狗”指令库中的“让 myCorg 吠！”指令拖曳到上述指令中，如下页图所示。

游戏结束检测：从“场景”指令库中找到“当 sprite 类型 Player 与图块……在 location 重叠时”指令，单击“图块”后面的灰白色方块，选择重叠的图块为前面设计地图时设置的终点图块。

当小狗抵达终点后，从“游戏”指令库中，找到下图所示游戏结束指令，放入其中。

第 5 步：测试与保存程序

在左侧模拟器中运行程序，看看是否全部按照预期运行。如果符合预期，将程序下载到喵比特中，若运行效果也符合预期，则将程序保存到计算机中。

任务拓展

修改程序，增加倒计时和得分功能，具体要求如下。

（1）如果小狗能够在倒计时结束前抵达终点，那么游戏胜利。

（2）地图中每隔 2 秒能够在随机位置产生 1 个增加得分 1 的苹果、1 个增加得分 2 的樱桃、1 个增加得分 3 的草莓。

扫码查看参考程序

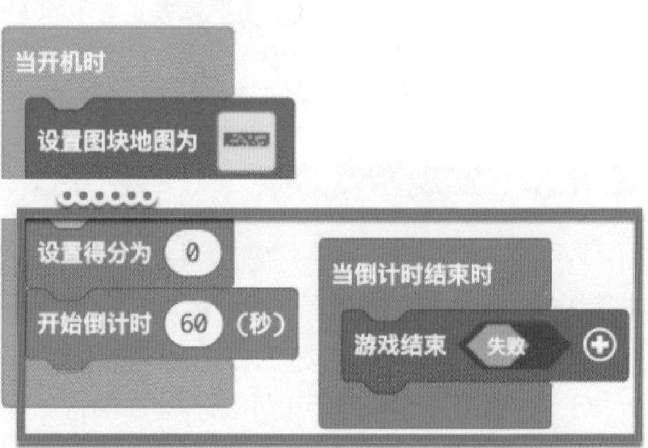

当游戏每隔 2000 毫秒更新时
将 1苹果 设为 精灵 类型 苹果
将 2樱桃 设为 精灵 类型 樱桃
将 3草莓 设为 精灵 类型 草莓
放置 1苹果 到随机位置的图块 上面
放置 2樱桃 到随机位置的图块 上面
放置 3草莓 到随机位置的图块 上面
当 sprite 类型 Player 与 otherSprite 类型 苹果 重叠时
销毁 otherSprite
得分增加 1
当 sprite 类型 Player 与 otherSprite 类型 樱桃 重叠时
销毁 otherSprite
得分增加 2
当 sprite 类型 Player 与 otherSprite 类型 草莓 重叠时
销毁 otherSprite
得分增加 3

魔法考核

考核 1：关于“corgio”扩展指令库，正确的说法是？（　　）
A. 通过该扩展指令库创建角色时，只能创建小狗，不能创建其他角色
B. 该扩展指令库创造的角色不能与“精灵”指令库中创造的精灵互动
C. 该扩展指令库和“精灵”指令库功能完全一样，只是名字不同
D. 该扩展指令库创造的小狗自带 3000 句话

考核 2：“改变背景当 myCorg 正在移动”指令的作用是？（　　）
A. 当地图长度较大时，小狗能够从一块地图进入另一块地图
B. 让小狗移动时，看起来更加逼真
C. 让小狗始终保持在画面正中心
D. 通过方向按键控制小狗移动

魔法链接：数组

在前面的程序中，让 myCorg ▾ 吠! 指令可以让小狗随机说出一句话，看起来很神奇。我们能不能把这项能力赋予我们自己创造的精灵，让他（它）也能随机说话呢？

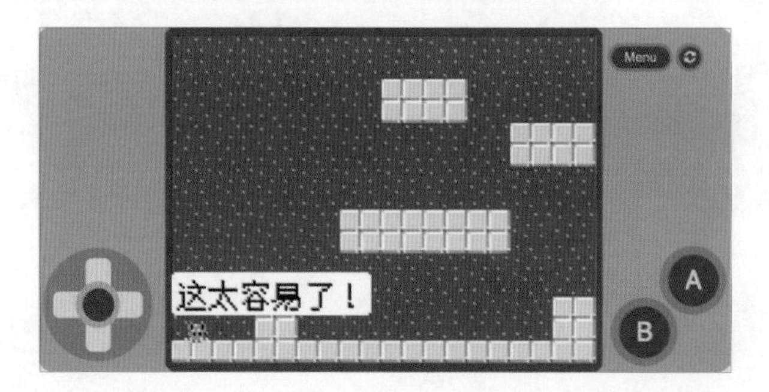

实际上，每一个扩展指令库中的指令，都是由多个指令合并而来的，只要在自带指令库中找到对应指令就可以实现扩展指令的功能。

“说话”这个功能涉及一个新的指令库“数组”，只要了解这个指令库，结合之前学习的指令，我们就可以轻松实现让精灵随机说话的功能了。

数组

数组就像是一个柜子，它的每一格都可以存储一个数据，当我们需要的时候，根据格子的编号，就可以获取对应格子里的数据。（格子编号从 0 开始，0 代表第 1 个格子。）

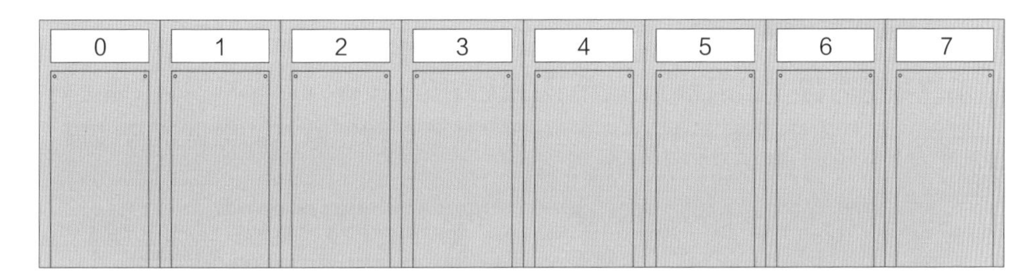

单击编程界面中指令库最底部的“高级”，在弹出的新指令库中可以找到“数组”，通过该指令库，我们可以创建、修改数组。

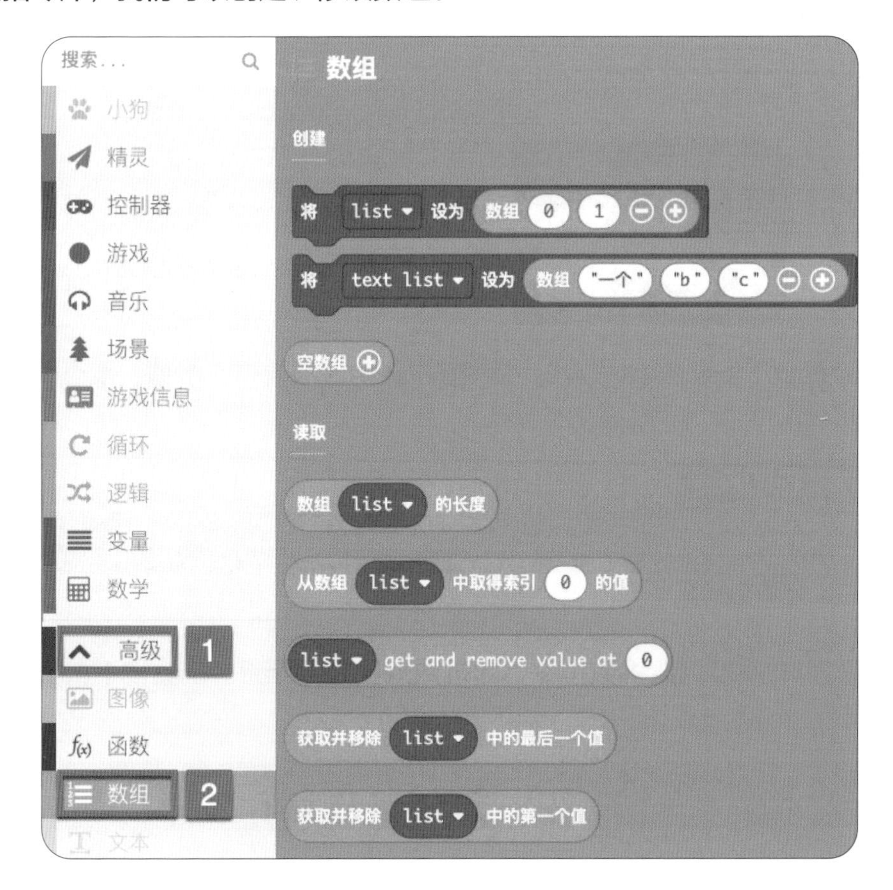

精灵随机说话

1. 创建精灵，然后从“数组”指令库中，将下图所示的文本数组（text list）创建指令拖曳到对应位置。

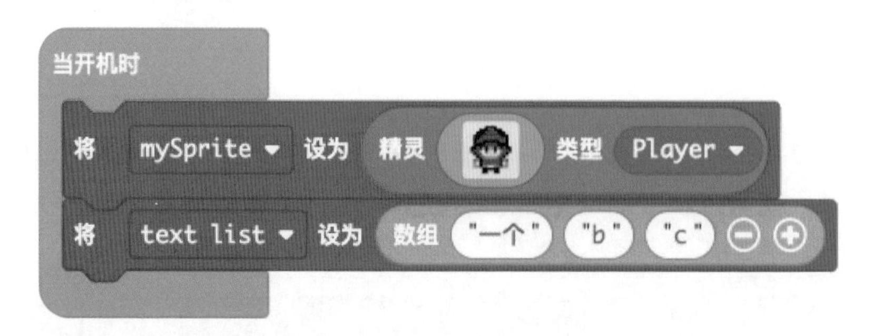

2. 修改数组内容：假设我们要让精灵在玩家按下按键 A 后随机说出“早上好”“下午好”“晚上好”3 个问候词中的一个，我们需要对数组原有的数据进行替换，如下图所示。

3. 拖曳出“当按键 A 按下”指令，然后从“精灵”指令库中拖曳出“mySprite 说 ":) " ”指令，将它们放置到“当按键 A 按下”指令中，再单击“+”设置说的时长。

4. 从“数组”指令库中拖曳出“从数组 list 中取得索引 0 的值”指令，用其替换 ":) "，再将“list”改为“text list”。

5. 将索引 0 替换为随机数指令，随机数范围是 0 至 2。玩家按下按键 A，就可以看到精灵随机说出一句话。

本课小结

每次学习新的知识后及时总结，我们可以更加牢固地掌握知识。回想一下这节课你学会了些什么，根据自己的掌握情况给小鱼涂色，然后记录你的学习体验、有趣的想法。

课后评价及总结	
了解加载“corgio”扩展指令库的方法。	
应用“corgio”扩展指令库制作受控制的小狗。	
认识数组，能够让精灵随机说话。	
总结：	

附：魔法考核答案

第 1 题：A　　第 2 题：B

第 5 章 实战训练

经过大半个学期的学习，喵小灰已经掌握了常见的魔法，具备了一定的实战能力。实战是提升实力的最佳方法，所以喵星学院安排这一批学员进行实战训练。

实战训练需要直面真实的恶魔，学员要运用自己掌握的各种魔法击败它们，避免它们危害宇宙。

第 14 课 鲨鱼追击战

课程引入

水水星是喵喵宇宙中一颗奇特的星球，这个星球上没有陆地，全部是海洋。这颗原本和平宁静的星球，最近却因为一群入侵的恶魔饱经苦难。

水水星的人请求喵星学院安排魔法师来消灭这些变化为鲨鱼形状的恶魔。喵星学院通过超级魔法将恶魔限制在一片海域中，然后派遣喵小灰前往该星球。

喵小灰抵达该星球后，通过考察和分析，决定制作一艘武装潜水艇，通过魔法鱼雷击杀恶魔。

任务发布

扫码查看参考程序

学习判断结构，设计消灭鲨鱼游戏，要求如下。

（1）鲨鱼在屏幕中随机切换位置。

（2）绘制瞄准器，玩家通过方向按键控制瞄准器移动。

（3）玩家按下按键 A 发动攻击，若此时瞄准器瞄准了鲨鱼，则鲨鱼死亡，得分加 1。

魔法小课堂

判断结构

当满足一定条件后执行某个操作，这种结构就叫作判断结构。日常生活中，有很多用到判断结构的例子，例如，如果肚子饿了，就吃饭；如果口渴了，就喝水。

判断结构由判断条件和程序框组成，当满足判断条件时，会执行程序框里放置的指令。如下图所示，我们可以在“逻辑”指令库中可以找到“如果为 true 则……”指令。

下图所示为实现判断结构的指令，它由判断条件与放置满足条件后执行的指令的程序框组成。

当判断条件成立时，就会执行对应的指令。

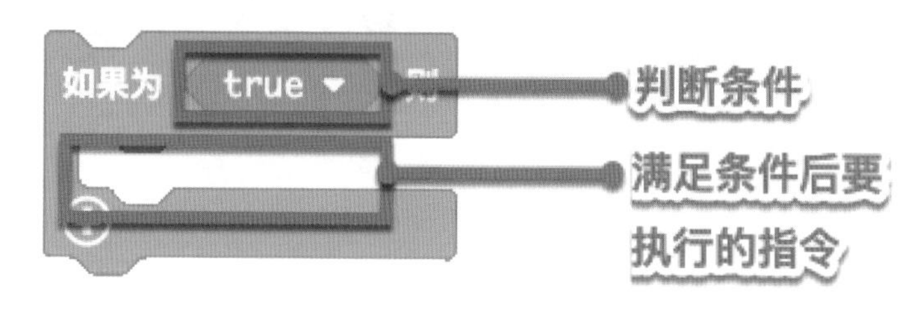

下图所示的程序根据开机时某个条件是否成立判断是否要创建一个精灵，我们可以修改判断条件里小于号两边的数值，试试在条件成立和不成立的情况下，模拟器中显示的效果分别是怎样的。

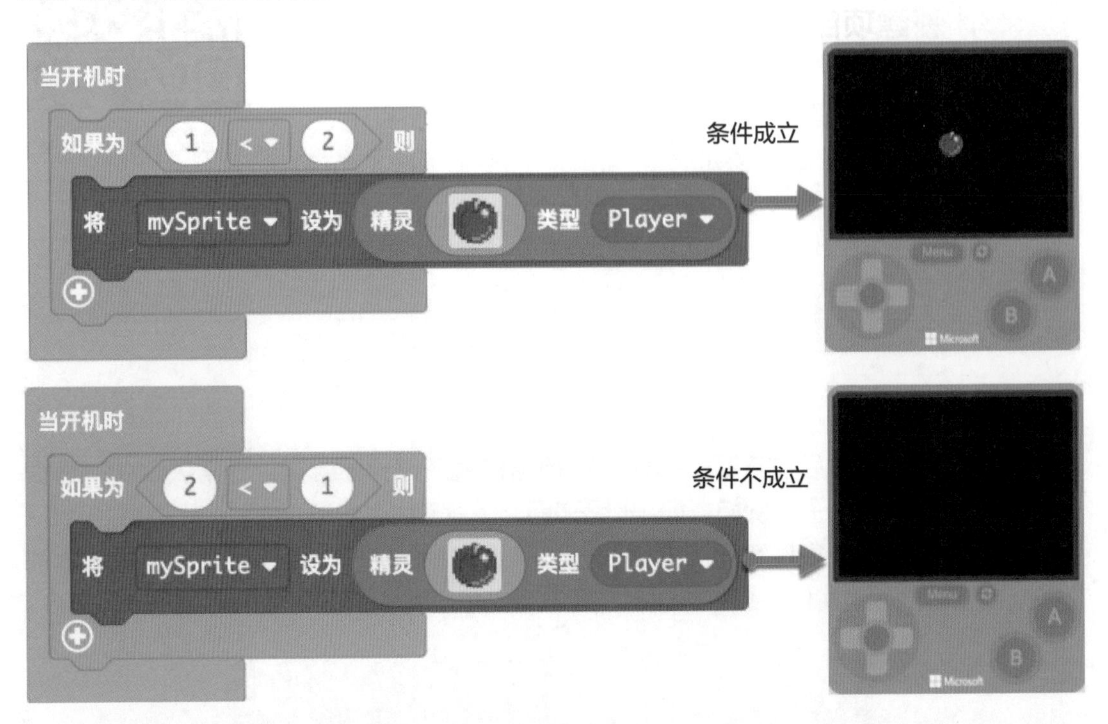

除了可以使用上面的不等式作为判断条件，还可以使用其他指令库中形状为六边形的指令作为判断条件，比如“精灵”指令库中的“mySptite 与 otherSprite 重叠”指令、“场景”指令库“碰撞”分栏中的相关指令。

魔法演习

第 1 步：新建项目

打开 MakeCode Arcade 网站，新建项目，将项目名称设置为“第 14 课 鲨鱼追击战”。

第 2 步：布置场景

因为鲨鱼在海里，所以直接从“场景”指令库中找到“设置背景颜色为……”指令，将其拖曳至“当开机时”指令内。

单击“设置背景颜色为……”指令中灰白色方块，在弹出的颜色选择列表中单击蓝色，即可修改屏幕背景颜色。

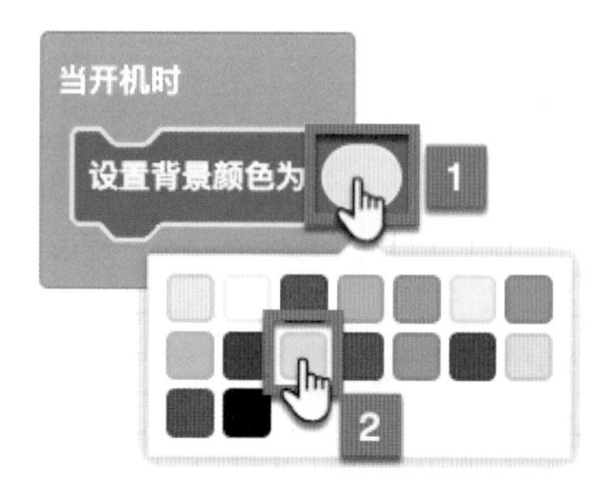

从“场景”指令库中找到“开启屏幕礼炮纸屑特效”指令，将其拖曳到“设置背景颜色为……”指令下方。

单击“开启屏幕礼炮纸屑特效”指令的“礼炮纸屑”后面的倒三角，在弹出的特效下拉列表中选择“泡泡”，这样就可以让屏幕上不断产生各种各样的泡泡，从而模拟出水底的画面效果。

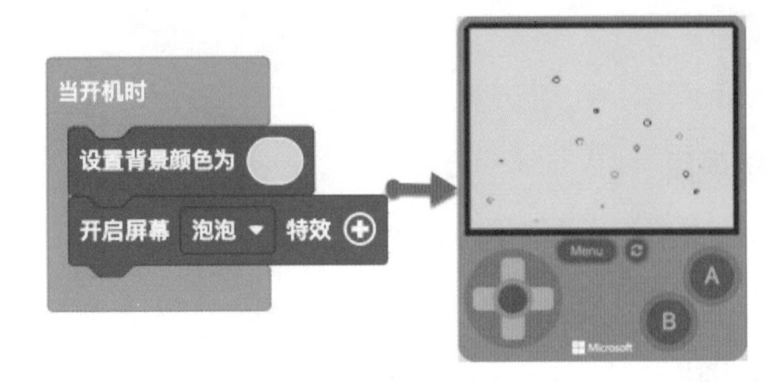

第 3 步：创建鲨鱼

创建鲨鱼：创建精灵，并将其命名为“鲨鱼”，造型选择为图库中的鲨鱼图像，类型选择为“Enemy”。

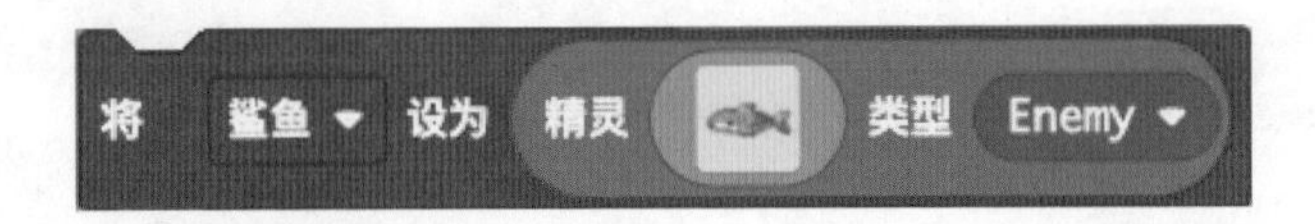

创建瞄准器：创建精灵并将其命名为“瞄准器”，类型选择为“Player”，造型通过编辑器中的矩形工具绘制，如下图所示，最后通过按键移动瞄准器。

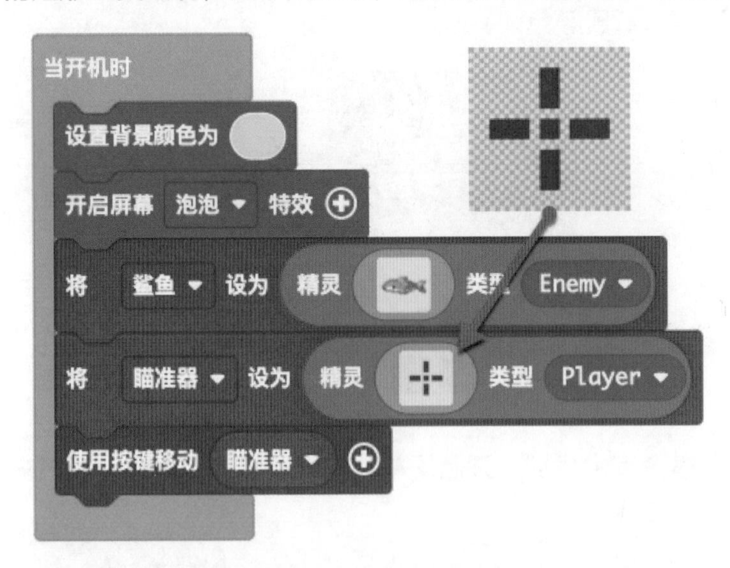

设置鲨鱼的移动方式：因为鲨鱼要随机出现在屏幕中任意位置，所以需要使用前面学习的“数学”指令库中的“选取随机数，范围为 0 至 10”指令，具体如下。

第 4 步：实现射击功能

根据前面的任务要求，当玩家按下按键 A 时，如果瞄准器与鲨鱼重叠，则鲨鱼死亡。

故使用下图所示“当按键 A 按下”指令，然后在这个指令内使用判断结构，判断条件为“精灵”指令库中的“mySprite 与 otherSprite 重叠”指令，将“mySprite”和“otherSprite”分别修改为“瞄准器”和“鲨鱼”，检测此时两者是否重叠。

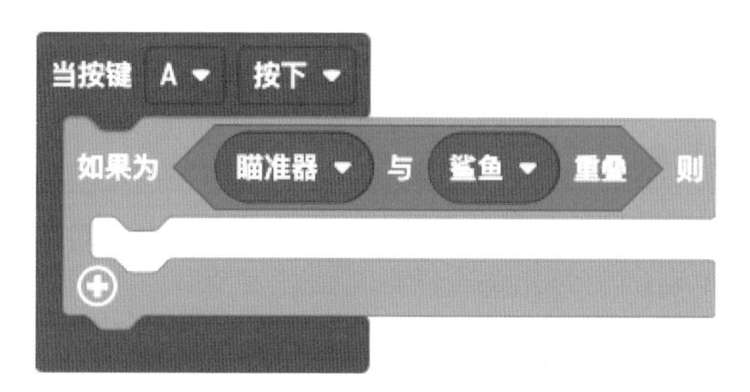

当两者重叠时，鲨鱼被击中，根据题目要求，得分增加 1，另外在“当开机时”指令中要添加上“设置得分为 0”指令。

现在会出现瞄准器与鲨鱼重叠时连续加分的问题，这是因为击中鲨鱼之后，鲨鱼没有消失，判断条件依然成立。

如下页图所示，我们在得分后，立刻让鲨鱼随机出现在一个新的位置，从而避免重复计分。

当按键 A 按下
如果为 瞄准器 与 鲨鱼 重叠 则
得分增加 1
设置 鲨鱼 的位置为 x 选取随机数，范围为 8 至 152 y 选取随机数，范围为 8 至 112

第 5 步：测试与保存程序

在左侧模拟器中运行程序，看看是否全部按照预期运行。如果符合预期，将程序下载到喵比特中，若运行效果也符合预期，则将程序保存到计算机中。

任务拓展

修改程序，实现限时击杀效果，具体要求如下。

（1）程序开始后，玩家需要在 30 秒内击杀 5 条鲨鱼，否则显示失败界面。

（2）当玩家击杀鲨鱼数量达到 5 时，显示成功界面。

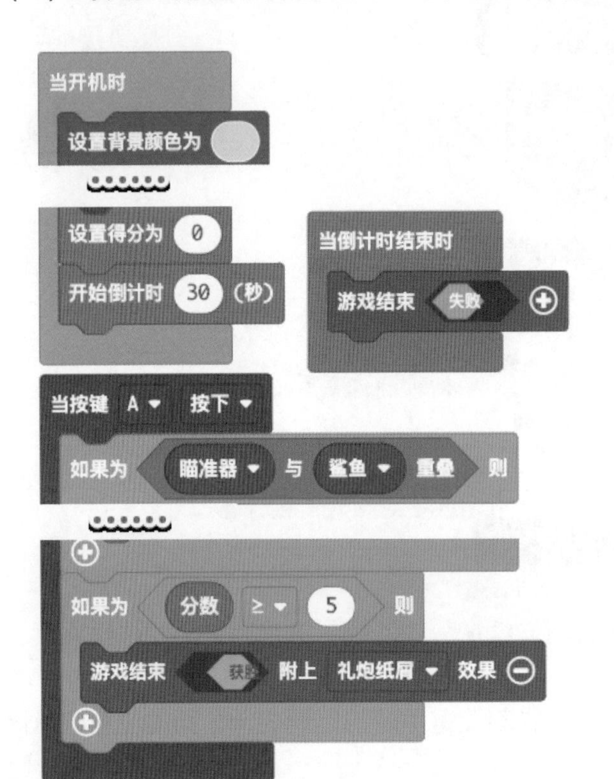

扫码查看参考程序

魔法考核

考核 1：下列话语中包含判断结构的是？（　　）
A. 明天会下雨，今天不会下雨
B. 如果没吃饱，就吃个苹果
C. 我要出门，出门前要检查灯是否都关了
D. 今天吃的炸鸡没有昨天吃的烧烤味道好

考核 2：综合运用之前学习的知识，尽可能完善鲨鱼追击战程序。

扫码查看参考程序

魔法链接：分支结构

前面的判断结构只提到了满足条件时要做什么，不满足条件时要做什么却没有提到。

实际上，当遇到需要根据条件成立与否来执行程序的情况时，只需要如下图所示，单击“如果为 true 则……”指令最后一行的“+”，即可设置条件不成立时要执行的程序。

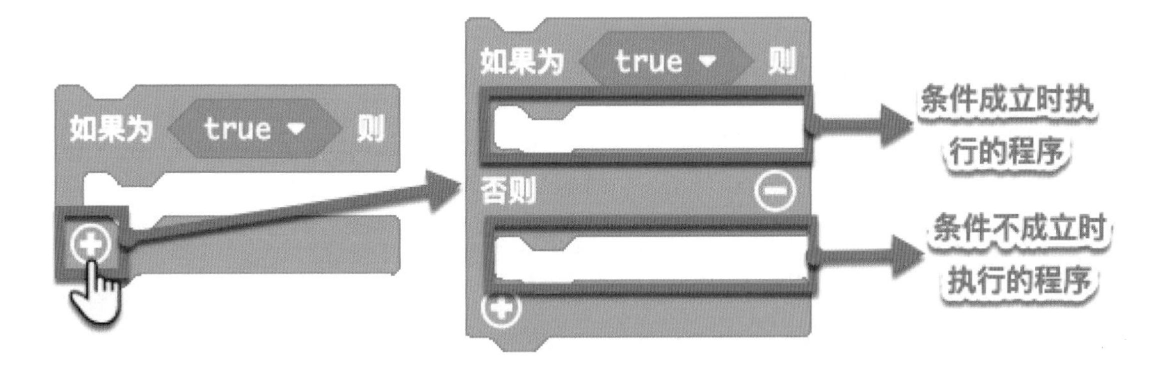

这两种判断结构都属于分支结构，被广泛应用于各种各样的编程语言、编程场景。

比如在本节课程序中，我们想实现玩家每次按下按键 A 发射子弹时，击中鲨鱼加 2 分，没有击中鲨鱼扣 1 分的效果，就可以对计分程序进行如下页图所示的修改。

```
当按键 A ▾ 按下 ▾
  如果为 瞄准器 ▾ 与 鲨鱼 ▾ 重叠 则
    得分增加 2
    设置 鲨鱼 ▾ 的位置为 x 选取随机数，范围为 8 至 152 y 选取随机数，范围为 8 至 112
  否则 ⊖
    得分增加 -1
  ⊕
```

本课小结

每次学习新的知识后及时总结，我们可以更加牢固地掌握知识。回想一下这节课你学会了些什么，根据自己的掌握情况给小鱼涂色，然后记录你的学习体验、有趣的想法。

课后评价及总结	
了解判断结构的定义及实现方法。	
学会在程序中应用判断结构。	
了解分支结构及对应的指令。	
总结：	

附：魔法考核答案

第 1 题：B　　　第 2 题：自由创作。

第 15 课 挑战大魔王

课程引入

喵小灰顺利地击败了所有由恶魔变成的鲨鱼，因为他表现出色，喵星学院决定给喵小灰一个更重要的任务。

最近不知道是什么原因，有大量实力强大的恶魔在冲击宇宙屏障，想要进入喵喵宇宙。其中一部分实力非常强大的恶魔在破开屏障后，需要花费大量时间适应时空差异才能落地。

喵小灰的任务就是趁着这些强大的恶魔还没适应时空差异，直接消灭它们。

任务发布

扫码查看参考程序

学习变量的使用方法，设计挑战大魔王游戏，要求如下。

（1）大魔王每隔一段时间在屏幕上的位置会随机变化一次。

（2）喵小灰在地面上左右移动，按下按键 A 可发出陨石攻击大魔王。

（3）陨石击中 1 次大魔王，大魔王的生命值就减少 1，大魔王头顶会显示当前生命值，生命值总量为 100，生命值变为 0 后显示喵小灰胜利。

魔法小课堂

变量

变量就像一个能够存储数据的盒子，当数据改变时，盒子不会改变，所以通过盒子读取数据的程序也不需要改变，改变的只是盒子里的数据。通过变量，我们可以实现计数、多模式切换等功能。

变量相关指令在“变量”指令库中，如右图所示。

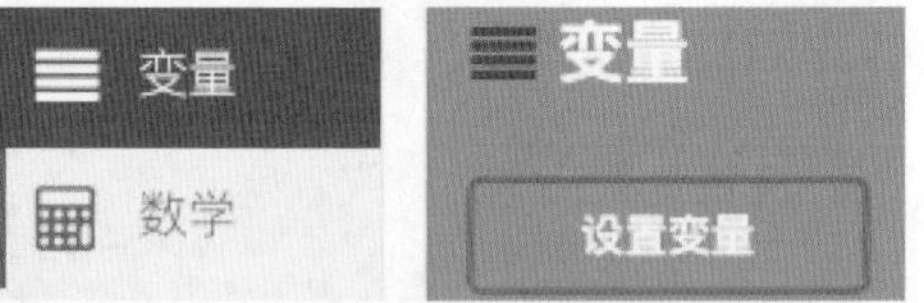

单击“设置变量”按钮之后，会弹出下方左图所示变量创建页面，输入变量的名称后，单击右下角的“确定”按钮即可完成变量的创建，“变量”指令库里会出现下方右图所示的新指令。

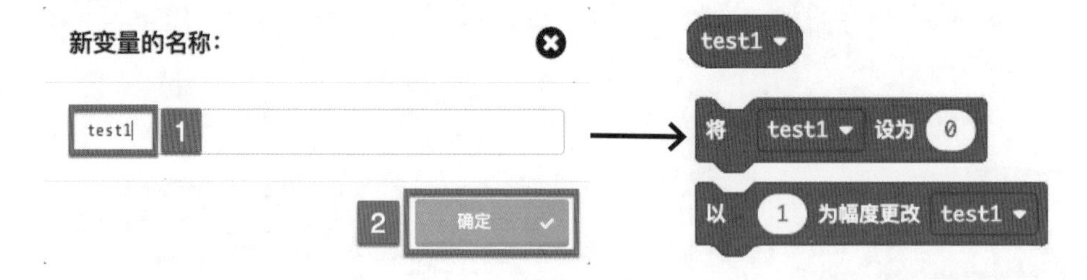

需要注意的是，在给变量命名时，最好采用与变量作用相关的英文单词或者拼音。(MakeCode Arcade 支持中文变量名，但是有一些编程语言不支持中文变量名，所以为了以后切换其他编程语言方便，在这里尽量不要用中文变量名）。

变量示例：按键计数

新建变量“number”用来记录玩家按下按键 A 的次数，在“当开机时”指令中，设置按下按键的初始次数为 0，并新建一个精灵用来播报当前按下按键 A 的次数。

每次玩家按下按键 A，就把变量的值增加 1，同时让按键次数播报精灵说当前按下按键 A 的次数，如下图所示。

魔法演习

第 1 步：新建项目

打开 MakeCode Arcade 网站，新建项目，将项目名称设置为“第 15 课 挑战大魔王”。

第 2 步：布置场景

根据任务的要求，我们将地图大小设置为 10 图块 ×8 图块，恶魔在紫色的虚空中不断移动，地图最下面用一排砖代表陆地，砖上面放置一个特殊图块作为喵小灰的诞生点，如右图所示。

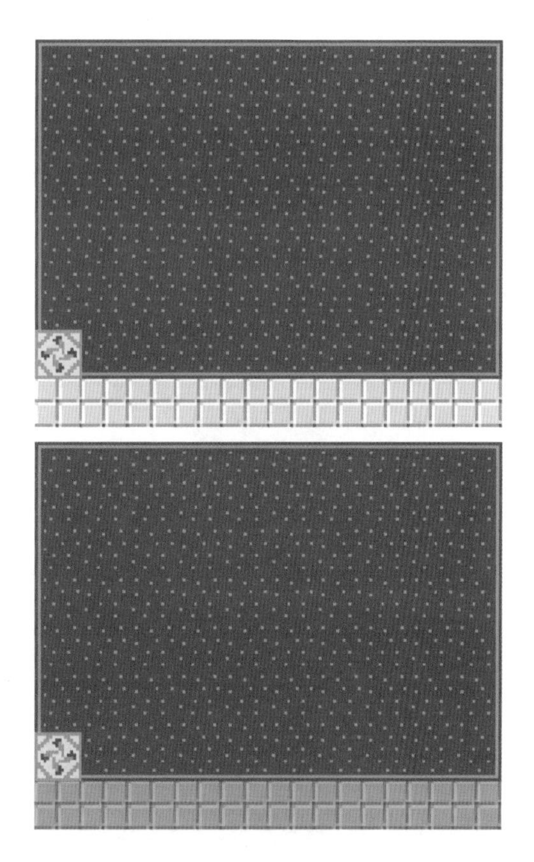

第 3 步：设置玩家精灵“喵小灰”

创建玩家精灵“喵小灰”，并将其放置到诞生点上，设置用按键控制玩家精灵移动，因为玩家精灵不能在竖直方向移动，所以单击指令方块中的“+”。

在弹出的 vx 和 vy 速度设置里，将 vx 值设置为 100，vy 值设置为 0，如下图所示。

攻击程序：当按下按键 A 时，让玩家精灵向上发射陨石，也就是把弹射物的 vx 值设置为 0，vy 值设置为 −50。

第 4 步：设置大魔王精灵

创建变量“life”代表大魔王的生命值，创建大魔王精灵后，设置“life”的值为 100，如下图所示。

大魔王定时更新：根据任务要求，每隔一段时间，大魔王的位置会变化，所以使用“当游戏每隔 500 毫秒更新时”指令，以“选取随机数，范围为 0 至 10”指令替换原来的“500”，并修改随机数范围为 1000 至 5000，如下图所示。

大魔王位置更新：因为每次大魔王更新时位置都是随机的，所以使用随机数相关指令替换掉 x 和 y 坐标的“0”，x 坐标是 8 至 152 随机，y 坐标与以往不同的是，最大值要从 112 修改为 96，避免大魔王撞到喵小灰。

第 5 步：设置重叠事件

当大魔王被喵小灰发射的陨石击中时，将代表大魔王生命值的变量“life”的值增加 −1，也就是减少 1；大魔王精灵说出自己剩余的生命值，并且为了避免一个陨石重复造成大魔王生命值减少，要将该陨石销毁。

获胜判定：当代表大魔王生命值的变量“life”变为 0 后，喵小灰挑战成功，因此在销毁陨石指令后面加上根据大魔王生命值判定是否获胜的功能，程序如下图所示。

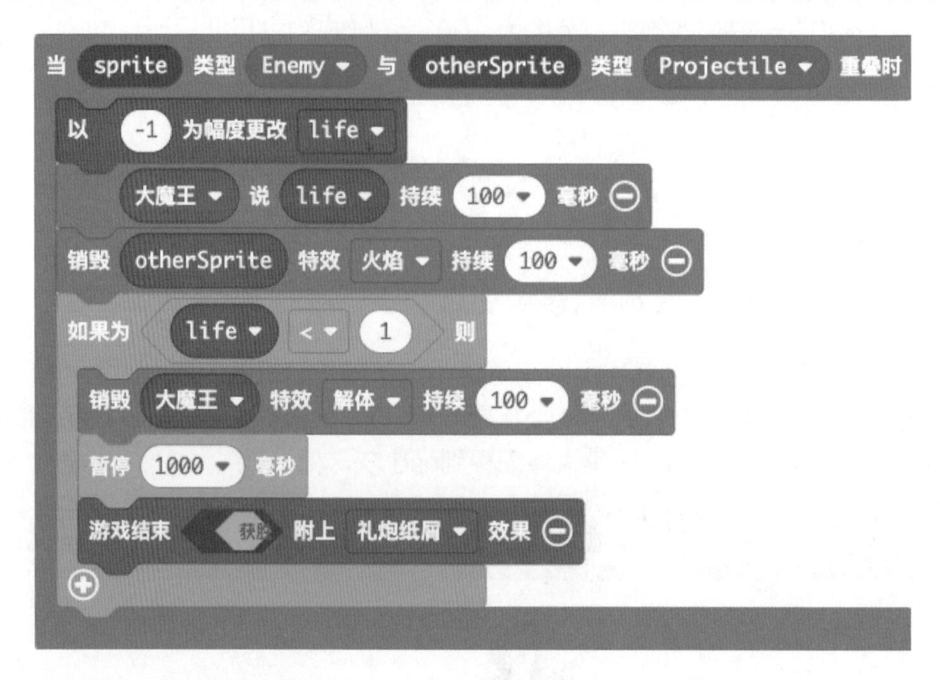

第 6 步：测试与保存程序

在左侧模拟器中运行程序，看看是否全部按照预期运行。如果符合预期，将程序下载到喵比特中，若运行效果也符合预期，则将程序保存到计算机中 。

任务拓展

修改程序，若喵小灰在 60 秒内不能消灭大魔王则出现游戏失败提示框；若成功，则显示得分，得分为当前剩余时间的 2 倍（例如喵小灰在第 10 秒击杀大魔王，剩余时间为 50 秒，则喵小灰得分为 100）。

扫码查看参考程序

魔法考核

考核 1：下列关于变量的说法，正确的是？（　　）
A. 变量只能用英文单词命名
B. 变量存储的数值发生改变后，变量的名称必须对应改变
C. 变量可以存储一些数据
D. 变量只有在特定场合才能创建，不能一开机就创建

考核 2：编写一个按键次数比拼程序，创建两个精灵，它们分别记录 30 秒内玩家按下按键 A、按键 B 的次数，倒计时结束后，按键次数高的一方获胜。

魔法链接：怪物设计逻辑

目前为止，我们学习了设计两种怪物，一种是被打中就死亡的普通怪物，还有一种是今天刚刚学习的通过变量具备了生命值的强大怪物。

那么，在游戏设计中，要怎样设置这些不同类型的怪物呢？一般来讲，在游戏中，我们可以让玩家在前期只遇到一旦被打中就死亡的普通怪物，在得分达到一定值或者快要到达地图的终点时才放出强大怪物。

在游戏中，这种强大怪物通常被称为 boss。根据投放 boss 的条件，其具体的投放思路也有些差异，接下来将会重点讲解其核心实现逻辑。

根据得分投放 boss

根据得分投放 boss 的逻辑很简单，也就是当得分超过一定值时，就投放 boss，程序如下图所示。

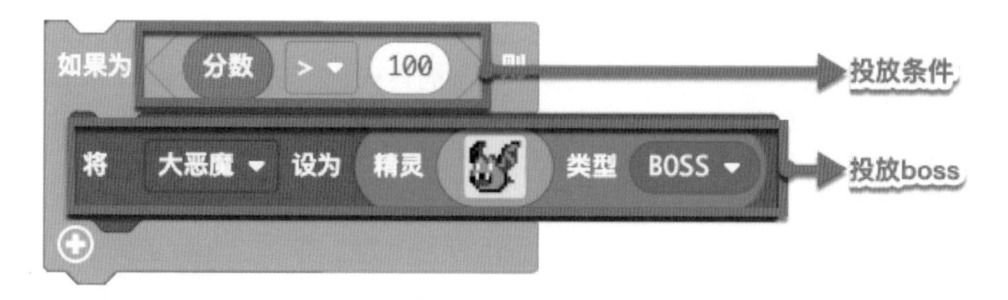

避免重复投放：因为分数一旦超过投放界限值，就会投放 boss，而投放过后分数不会降下来，所以可能会导致重复投放 boss。为了避免发生这种情况，可以用一个变量（如下图中的 state）来记录是否投放过 boss，如果没有投放过就投放，否则不投放。

下图所示为该模式的核心代码，使用时，只需要将下面的蓝色部分代码放到改变得分的代码后面即可。

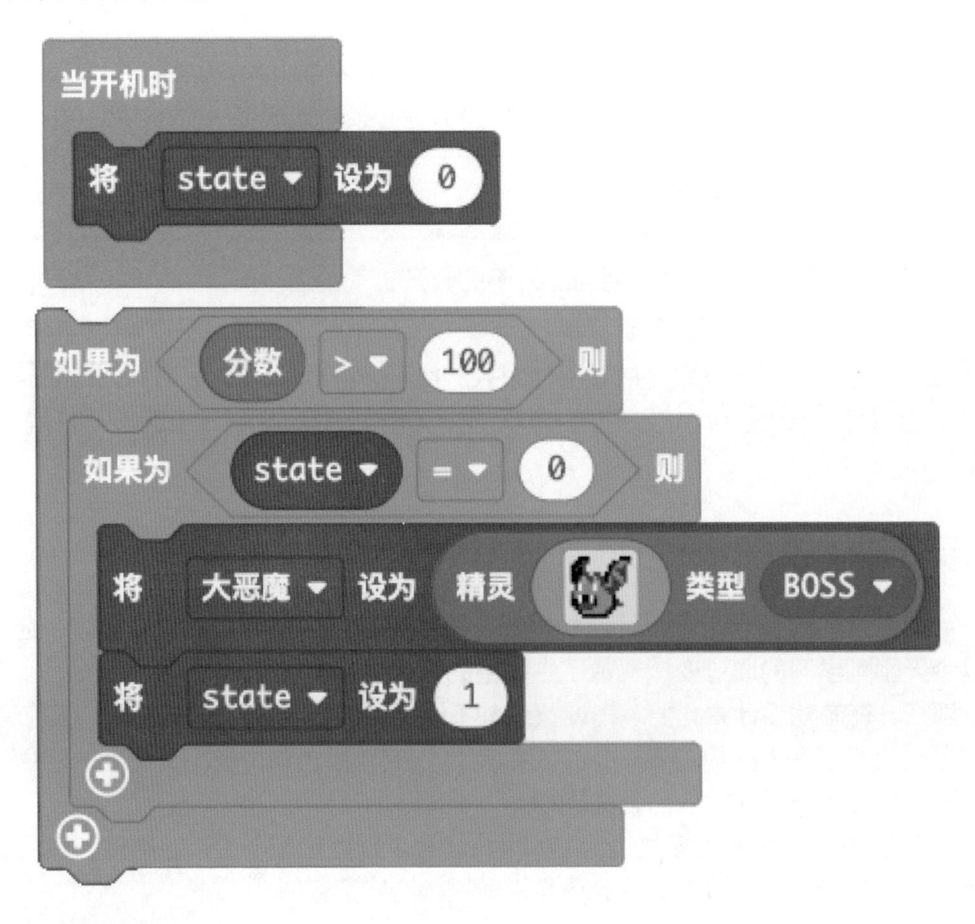

根据位置投放 boss

根据位置投放 boss 有如下几种模式。

（1）当玩家精灵经过某个图块时，会触发 boss 投放程序，这个模式同样需要使用变量记录是否已经投放过 boss，避免重复投放。

（2）根据玩家精灵的坐标投放，也就是以“精灵”指令库中的“mySprite x”指令作为条件，当玩家精灵的坐标到达某个范围时，在玩家精灵附近投放 boss。

这两种方法在实现逻辑上与前面类似，只是修改了投放 boss 的判断条件，故不再赘述，感兴趣的话，你可以去试一试哟！

本课小结

每次学习新的知识后及时总结，我们可以更加牢固地掌握知识。回想一下这节课你学会了些什么，根据自己的掌握情况给小鱼涂色，然后记录你的学习体验、有趣的想法。

课后评价及总结	
理解“变量”的含义及学会应用变量。	
掌握“变量”的创建与修改变量值的方法。	
掌握结合“变量”制作 boss 的方法。	
总结：	

附：魔法考核答案

第 1 题：C

第 2 题：可根据本节课介绍的按键计数程序，结合判断结构进行修改。

第 16 课 探查多元宇宙

课程引入

喵星学院经过详细的调查，最终找到了最近很多恶魔想要进入喵喵宇宙的原因。

原来，在喵喵宇宙的一个角落，一个微型多元宇宙诞生了。恶魔们都想要进入这个多元宇宙，获得它的宇宙核心，从而让自己变得更强。

喵星学院经过讨论，最终决定由之前表现优异的喵小灰进入多元宇宙，穿过一层层时空，找到放在宝箱里的宇宙核心。

任务发布

扫码查看参考程序

学习函数，设计探查多元宇宙程序，要求如下。

（1）设计两张 10 图块 ×8 图块的地图，当玩家精灵移动到第一关（第一张地图）右下角时，地图自动切换为第二关（第二张地图）。

（2）玩家精灵到达第二关后，移动至右下角宝箱处即可获得胜利。

魔法小课堂

函数

函数是指一段可以直接被另一段程序引用的程序，也叫作子程序。把程序中会反复使用的程序段写成函数，不仅仅可以大大减少我们的工作量，还可以让程序的结构更加清晰。

在 MakCode Arcade 中，有专门的“函数”指令库，在需要使用时，只需要如下图所示，先单击指令库底部“高级”指令库进行展开，然后单击“函数”指令库即可看到函数相关指令，单击“创建一个函数”按钮即可进入创建函数页面。

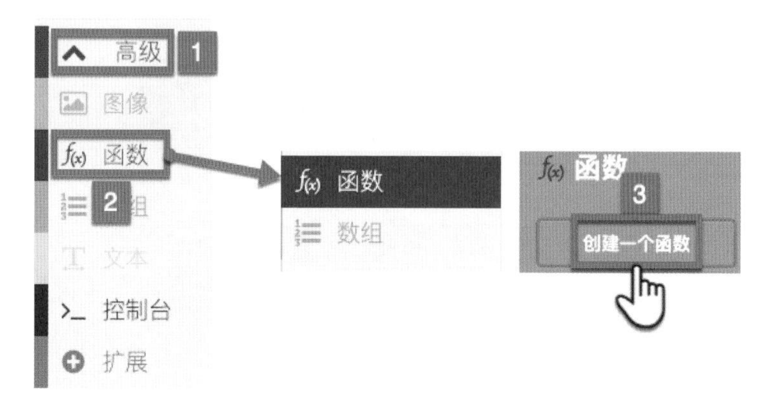

在创建函数页面中，先在“函数”后方“doSomething”处输入函数名，然后单击“完成”按钮，即可创建对应名称的函数。

创建函数后，单击“函数”指令库，可以发现里面多出两个指令，而且右侧编程区多出一个定义函数指令，如下图所示。

创建音乐函数

下图所示为演奏一小段《小星星》乐曲的程序，如果我们在程序中其他地方还要使用这段程序，就需要把程序复制到那个位置去，用起来会比较麻烦。

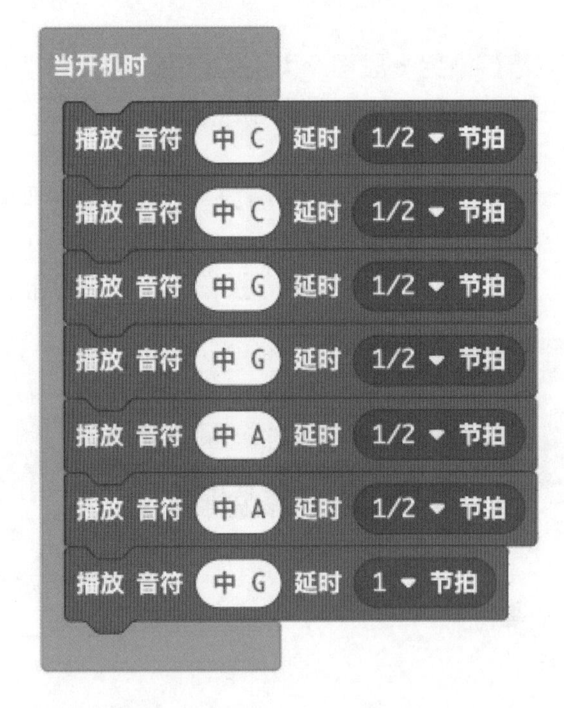

接下来我们把演奏这段音乐的程序变为一个函数。首先根据前面所讲的方法创建名为“music”的函数，如下图所示。若想修改函数，可以在其上按下鼠标右键，根据提示选择“编辑函数”选项。

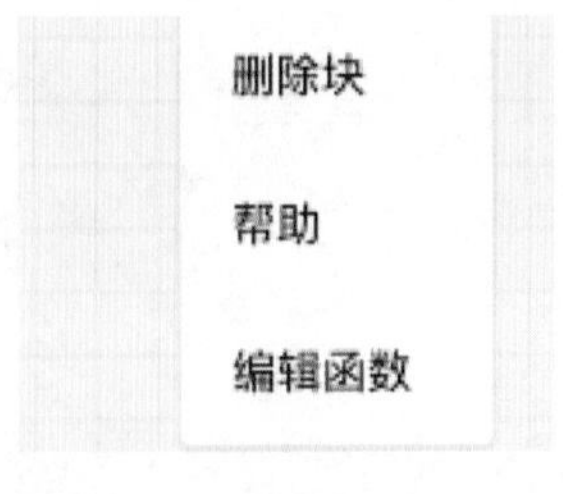

将“当开机时”指令中的播放音符程序移至“函数 music”指令中，如下图所示。

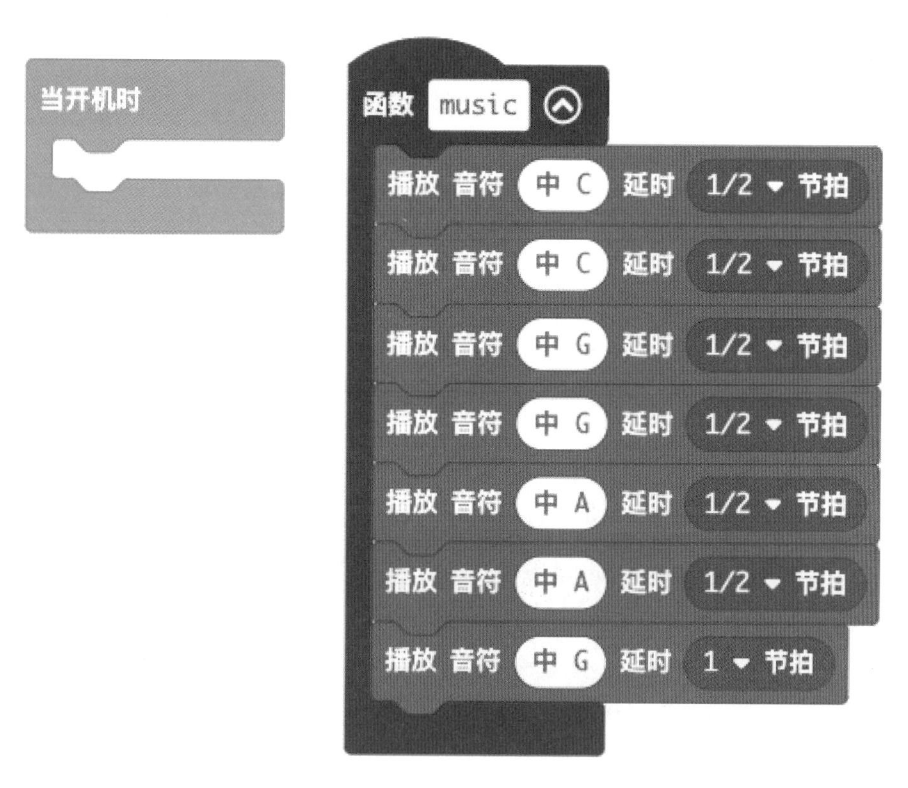

从“函数”指令库中拖曳出“调用 music”指令，放入“当开机时”指令中，运行模拟器，试一试现在演奏的乐曲是否和使用函数前听起来一样。

魔法演习

第 1 步：新建项目

打开 MakeCode Arcade 网站，新建项目，将项目名称设置为“第 16 课 探查多元宇宙”。

第 2 步：设置玩家精灵

创建一个玩家精灵，并将其设置为使用按键控制移动，如下图所示。

第 3 步：设置关卡

新建变量“LV”记录关卡数（使用哪张地图），并在“当开机时”指令中，设置“LV”的初始值为 1。

因为两个关卡需要使用两张地图，且用哪张地图是根据变量“LV”的值来确定的，所以创建一个名为“setLevels”的函数，在里面使用判断结构，以变量“LV”的值为判断条件。“LV”的值不同，设置不同的地图，如下页图所示。

根据任务要求，设置地图尺寸为 10 图块 ×8 图块，并放置精灵，两张地图的具体设计如下图所示。

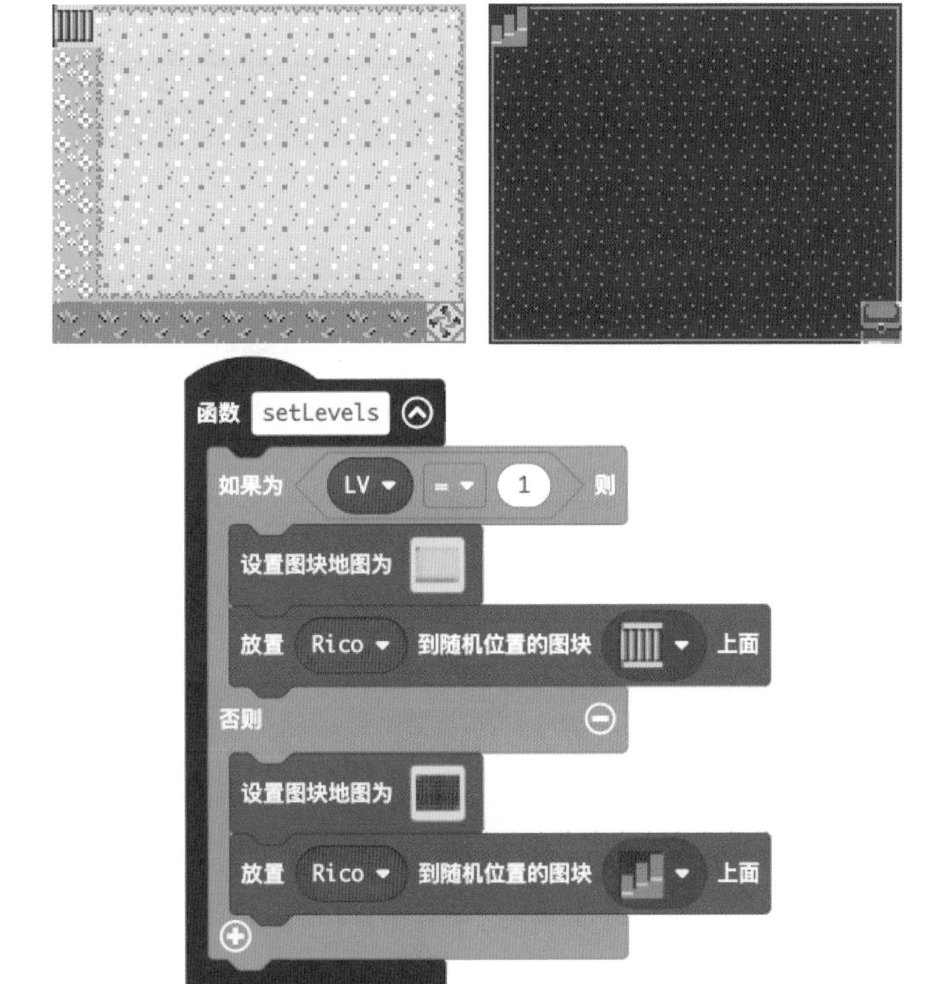

在“当开机时”指令中，设置变量“LV”的值后，调用函数“setLevels”，将精灵放置到符合当前“LV”值的地图中，如下图所示。

第 4 步：过关设置

当玩家精灵在第一关（第一张地图）中移动到右下角图块上时，将记录关卡数的变量“LV”的值增加 1，然后调用“setLevels”函数切换关卡（俗称“过关”），将玩家精灵放到第二张地图上。

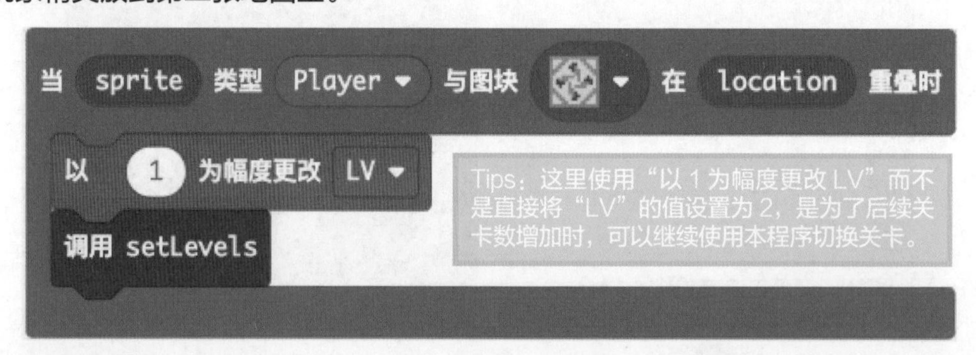

因为只有第二关（第二张地图）中有作为终点的宝箱，所以设置当玩家精灵走到宝箱图块的位置时，就代表顺利通关，出现游戏获胜的画面，如下图所示。

第 5 步：测试与保存程序

在左侧模拟器中运行程序，看看是否全部按照预期运行。如果符合预期，将程序下载到喵比特中，若运行效果也符合预期，则将程序保存到计算机中。

任务拓展

修改程序，将 2 关拓展为 3 关，第三关的地图尺寸为 16 图块 ×16 图块，并增加倒计时功能。

扫码查看参考程序

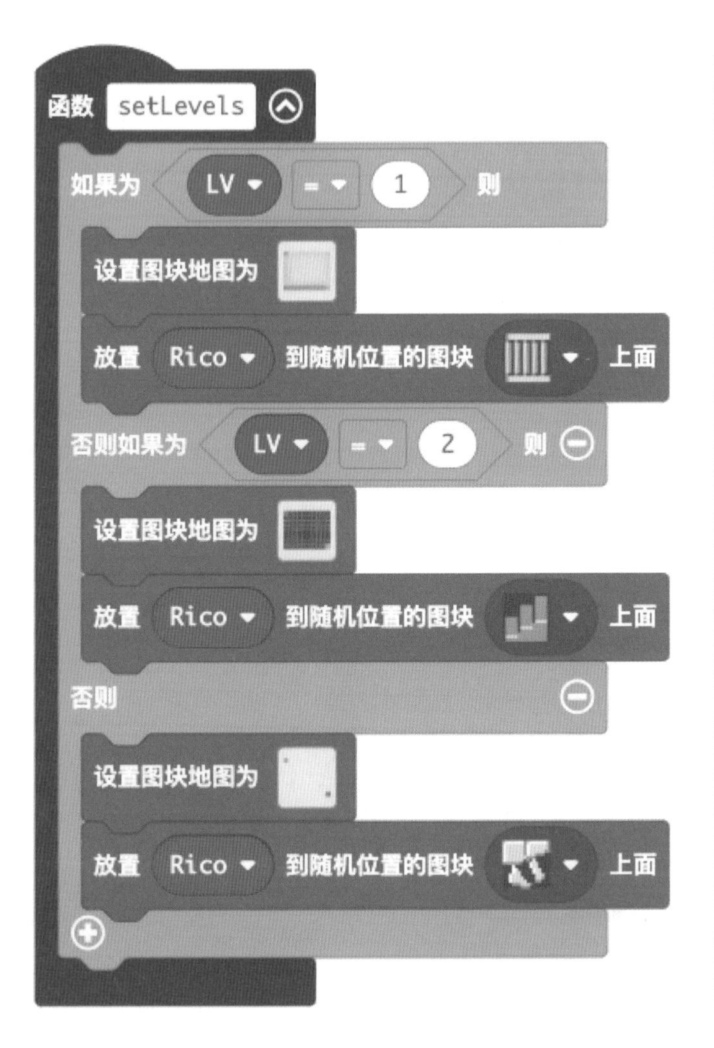

魔法考核

考核 1：下列关于函数的说法，正确的是？（　　）
A. 合理使用函数可以帮助我们减少工作量
B. 函数可以存储一些数值，在要使用时直接调用
C. 函数是对原来的指令进行压缩
D. 一个程序中只能创建一个函数

考核 2：创建函数时必须填写什么？（　　）
A. 函数要使用的变量
B. 函数要使用的精灵
C. 函数的作用范围
D. 函数的调用名称

魔法链接：带参函数

在创建函数时，我们可以看到界面上方有一行“添加参数”，如下图所示。

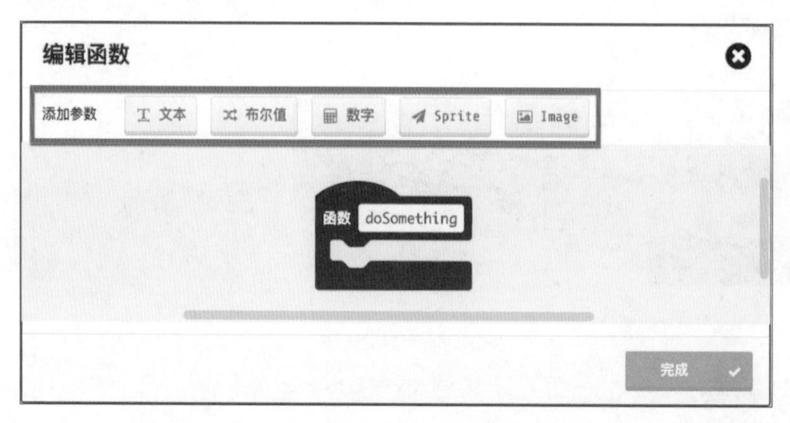

这一行的几个按钮，可以给函数增加对应类型的参数，将函数变为带参函数。

带参函数就是带有参数的函数，这些参数需要在调用函数时进行设置，否则不能成功调用。

下面左图所示指令创建了一个带“文本”参数的函数，我们会发现函数对应的调用指令（见下面右图）出现了填入内容的地方 "abc"，用参数（实际要用的文本内容）替换“abc”后，就可以在函数中通过默认的参数名“文本”调用传递进来的参数。

本课小结

每次学习新的知识后及时总结，我们可以更加牢固地掌握知识。回想一下这节课你学会了些什么，根据自己的掌握情况给小鱼涂色，然后记录你的学习体验、有趣的想法。

课后评价及总结	
理解函数的含义及应用方法。	
掌握函数的创建方法。	
灵活运用函数实现多关卡效果。	
总结：	

附：魔法考核答案　　第 1 题：A　　第 2 题：D

第 6 章 毕业设计

一个学期即将结束，喵星学院要根据学员这学期的表现，选拔一部分优秀的学员，给予他们参加毕业设计的资格。

如果学员能够完成毕业设计，并被学院导师认可，就能够取得毕业证书，成为一名正式的初级魔法师。

喵小灰能否顺利取得毕业设计资格，设计出被导师认可的作品，并最终取得毕业证书呢？让我们一起来看看吧！

第 17 课 游戏开发示例

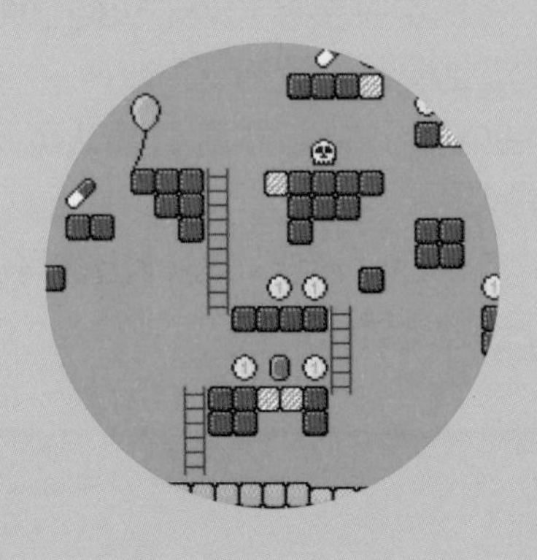

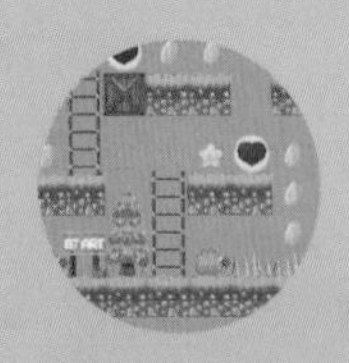

课程引入

喵小灰出色地完成了实战训练，获得了参加毕业设计的资格。在正式开始毕业设计之前，他还需要学习完整的游戏开发流程。

接下来让我们和喵小灰一起来学习如何开发一个完整的游戏吧！

任务发布

了解游戏开发流程，学习角色扮演类游戏（RPG）的设计思路，设计一个完整的游戏。

魔法小课堂

游戏开发流程

游戏开发不仅仅是编程，还有编程前的规划与设计、编程后的测试与优化迭代，游戏开发大致可以按照如下流程进行。

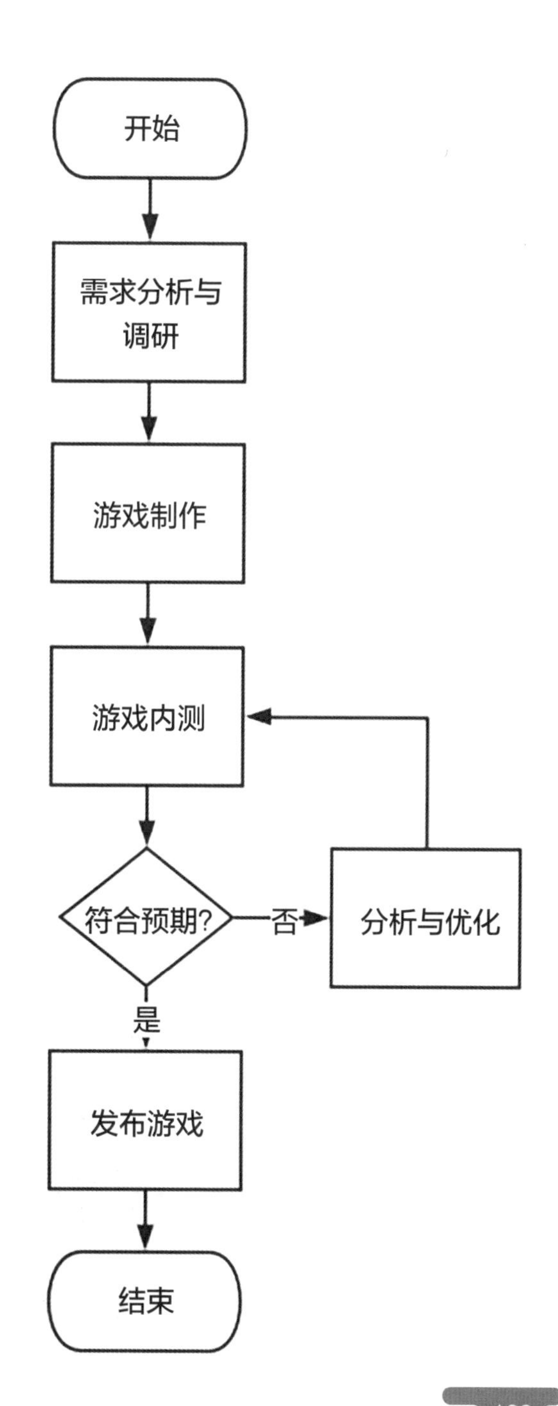

在制作游戏前，我们需要先查找相关资料，查看类似的游戏，然后构思好我们要做一个什么样的游戏。下图所示为构思一个角色扮演类游戏时，需要确定的东西。

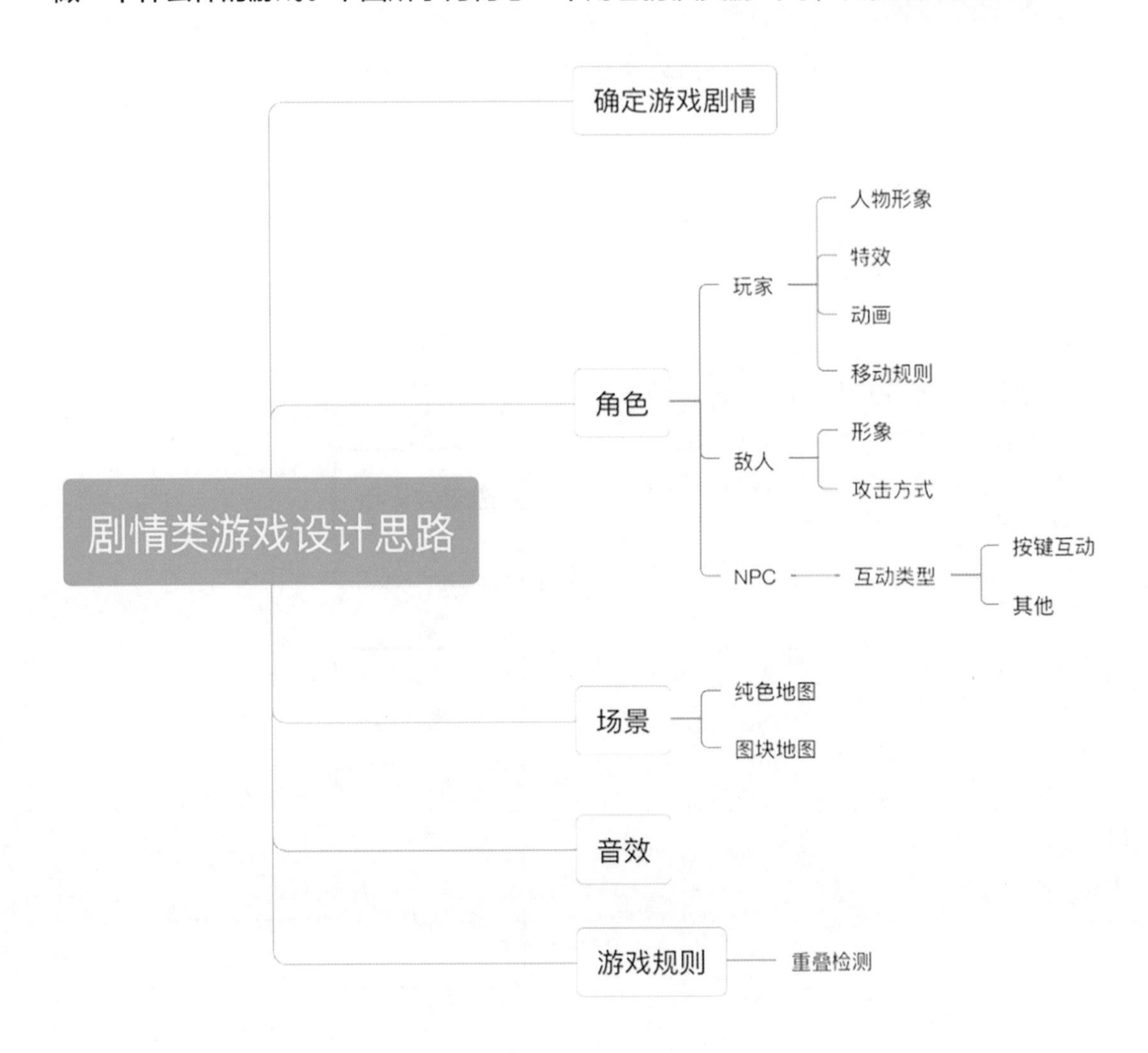

案例学习

第 1 步：构思游戏

下面以制作“拯救卡比”游戏为例进行讲解。首先是构思游戏，根据前面的框架进行分析，绘制如下图所示的思维导图。

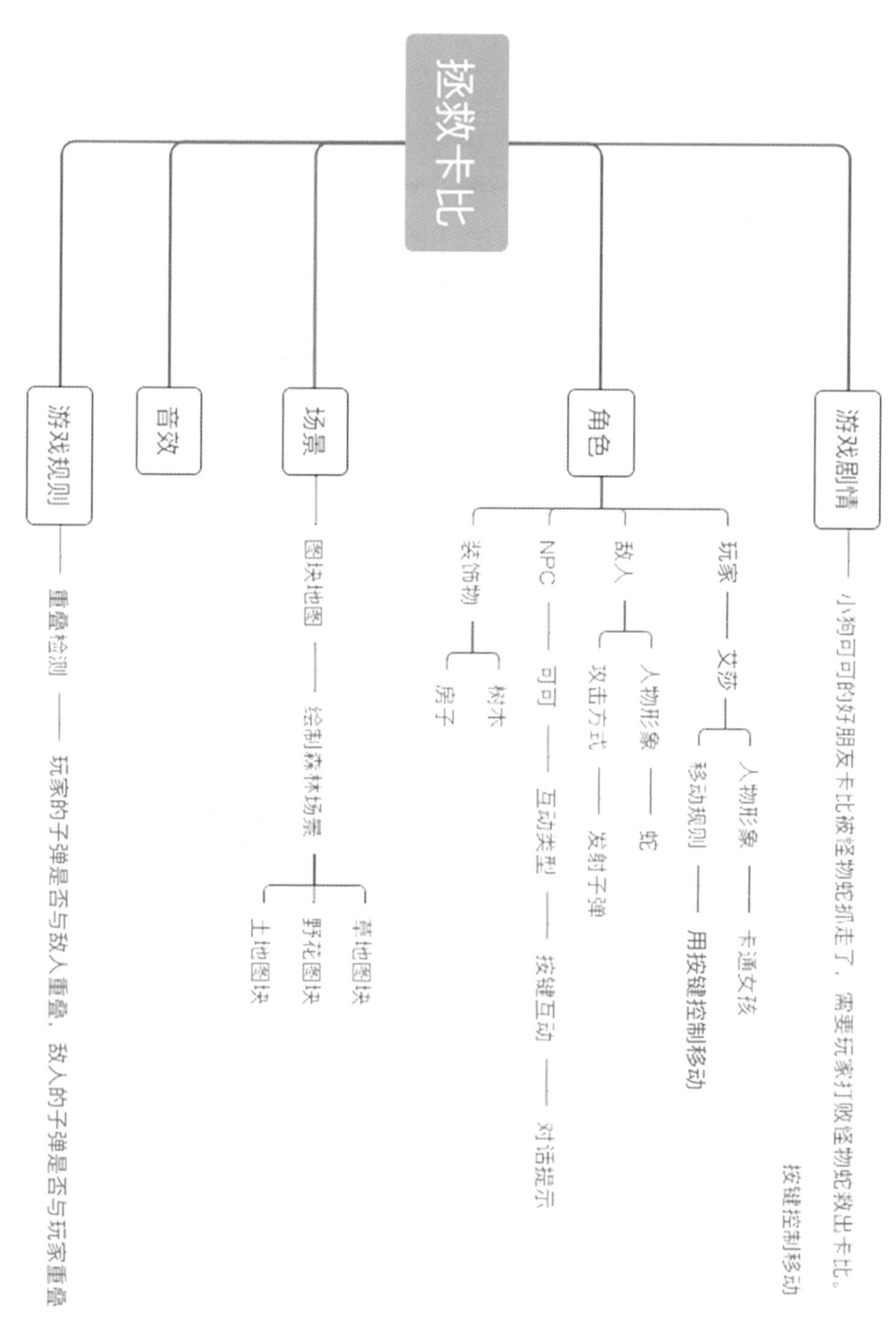

第 2 步：制作游戏

1. 游戏开始时提示任务内容：需要帮助小狗可可去救它的好朋友卡比，按按键 A 继续进行游戏。

2. 当玩家精灵碰到可可且按下按键 A 互动时，可可会提示卡比的位置。

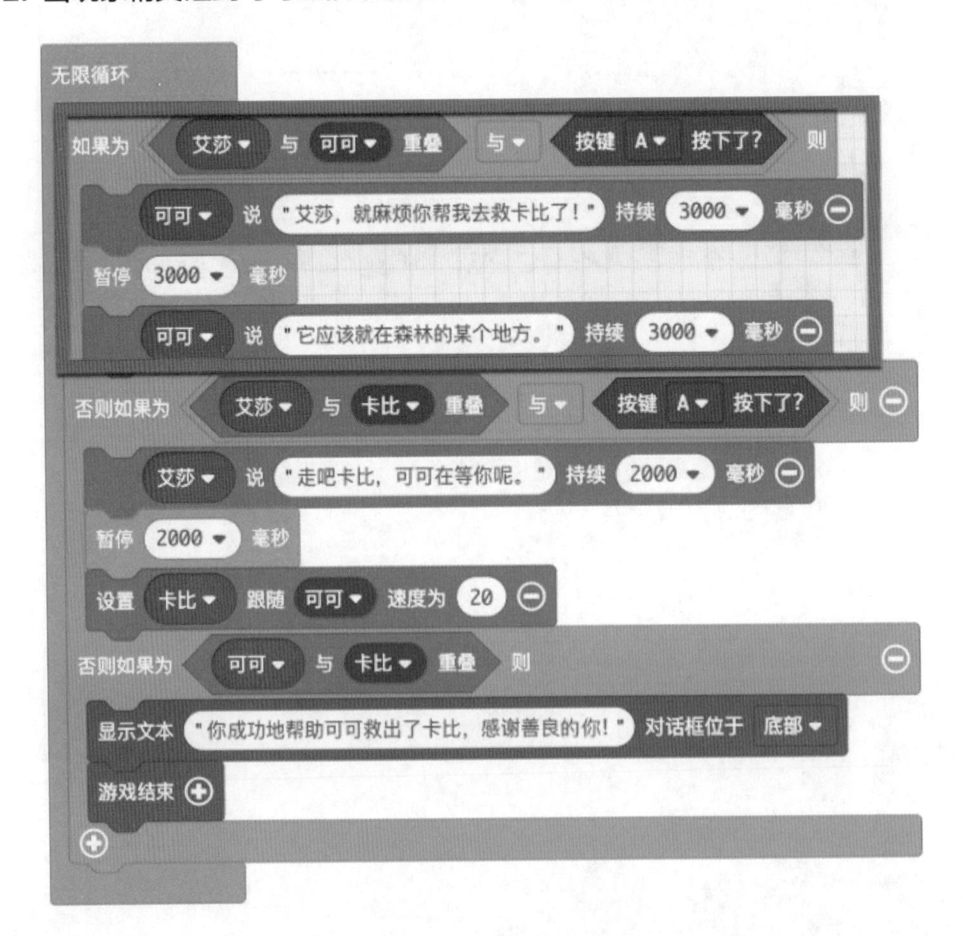

3. 怪物——蛇守在卡比旁边，并不断发射子弹进行攻击。

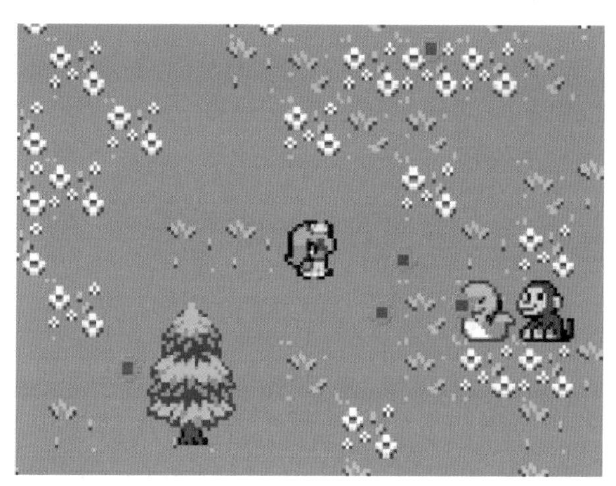

变量“标志”的作用为判断怪物（蛇）是否还存在，其初始值设置为1，当怪物被攻击并被销毁后则变为0。目的是实现怪物被销毁后，怪物发出的子弹也不再出现。

4. 玩家按下按键 B，艾莎可发射子弹，子弹击中怪物后，销毁怪物。

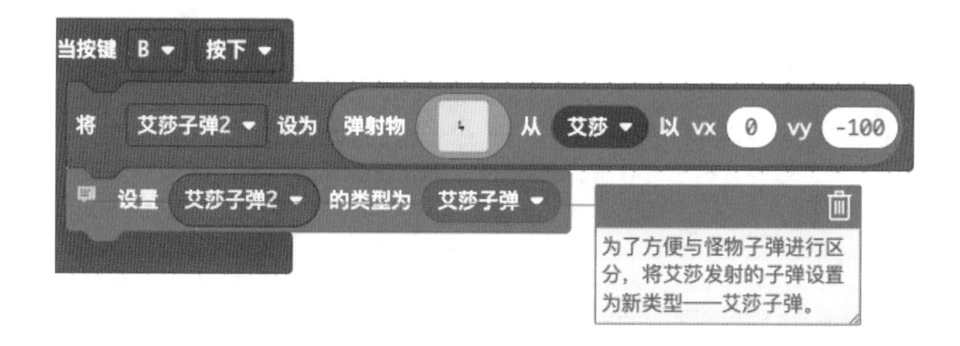

当 sprite 类型 艾莎子弹 与 otherSprite 类型 Enemy 重叠时
将 标志 设为 0
怪物 说 "啊！" 持续 1000 毫秒
销毁 怪物 特效 火焰 持续 1000 毫秒

5. 玩家按下按键 A，艾莎与卡比互动，“设置卡比跟随可可 速度为 20”指令实现卡比慢慢移动到可可所在位置的效果。

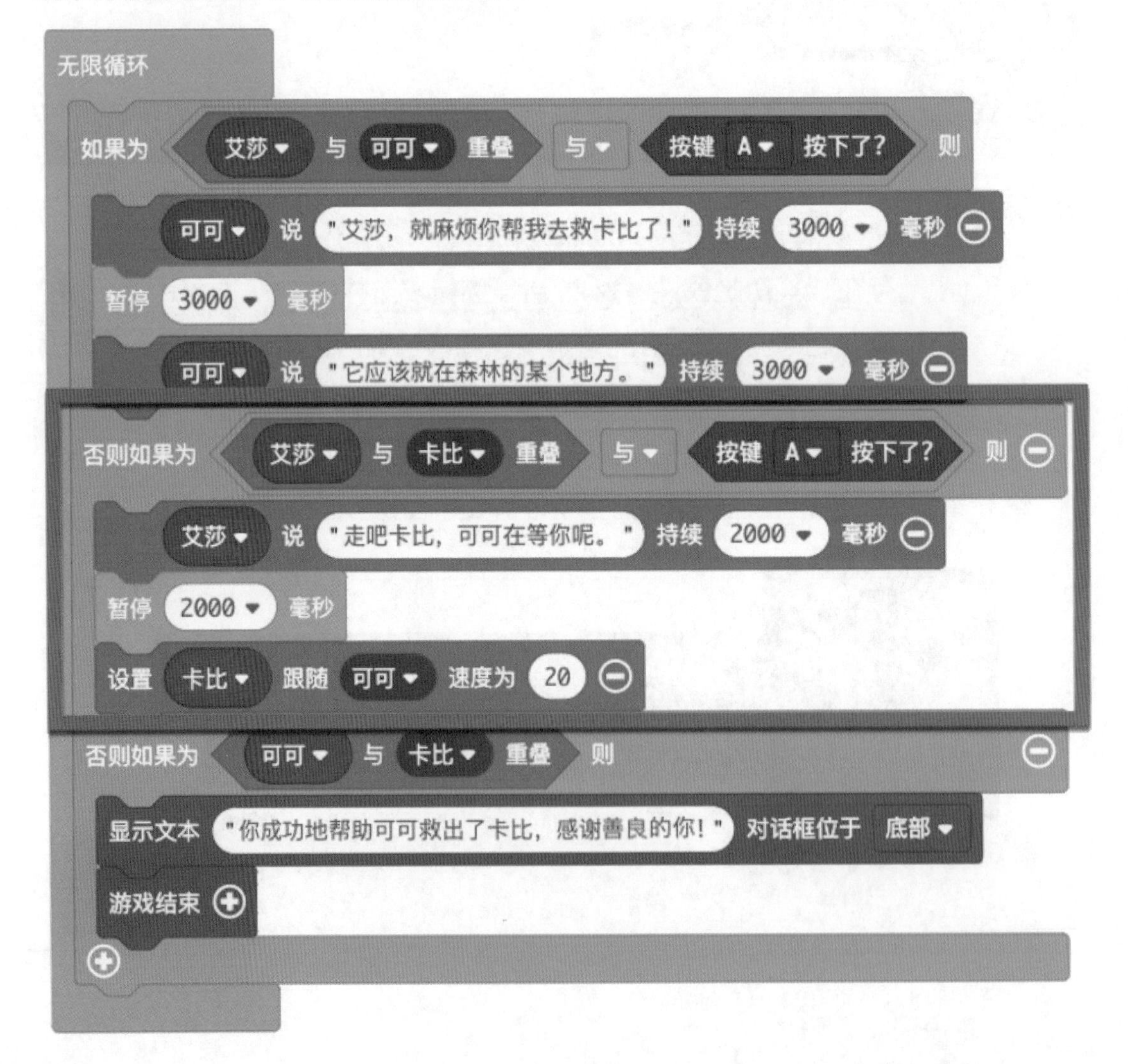

6. 玩家按下按键 A，艾莎与卡比互动，可可成功救出卡比，赢得游戏。

7. 若艾莎被怪物击中，则游戏重新开始。

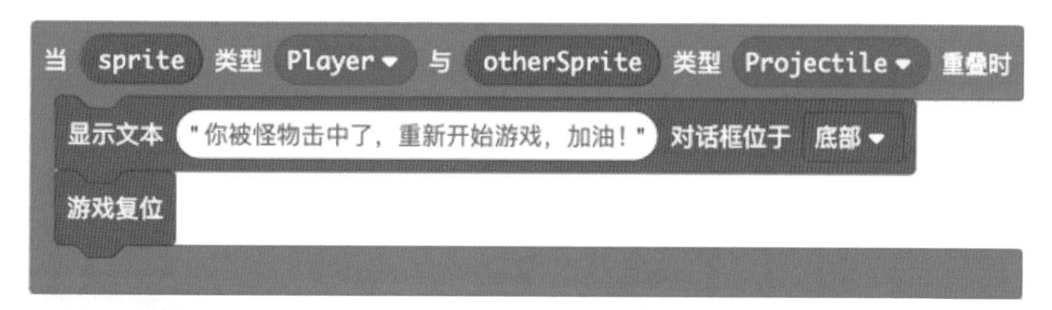

第 3 步：测试游戏

先在模拟器中测试游戏是否按照预期运行，如果符合预期就把游戏下载到喵比特中，若在喵比特中运行也符合预期，可以让自己的同学、老师、爸爸、妈妈对游戏进行测试，让他们给出一些意见。

然后我们结合意见，选择一部分可以优化的地方进行优化。

扫码查看参考程序

第 4 步：发布游戏

如下图所示，首先单击左上角的分享图标，在弹出的“分享项目”页面填写项目名称，然后单击底部“发布项目”按钮。注意，项目名称默认为之前写在编程页面底部的名称。

单击“发布项目”按钮之后，弹出下图所示的“分享项目”页面，单击“复制”按钮，即可复制项目，将复制的链接发给其他人，就可以让别人看到自己的项目了。

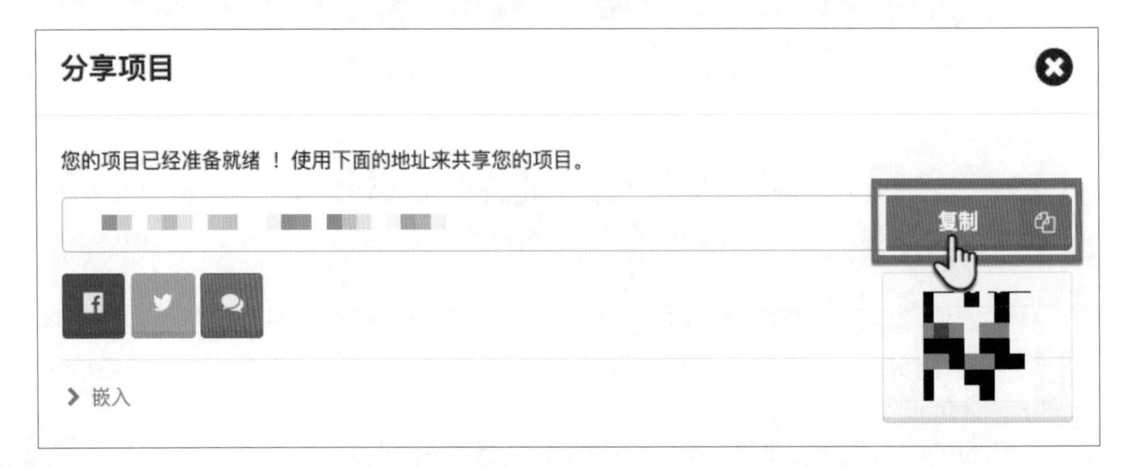

本课小结

每次学习新的知识后及时总结，我们可以更加牢固地掌握知识。回想一下这节课你学会了些什么，根据自己的掌握情况给小鱼涂色，然后记录你的学习体验、有趣的想法。

课后评价及总结	
了解游戏设计流程。	
掌握构思角色扮演类游戏的方法。	
掌握发布游戏的方法。	

总结：

第 18 课 星际争霸赛

课程引入

喵星学院获得微型宇宙核心后，实力大大增强，所以准备借这次毕业考核，组织学员到宇宙屏障外消灭恶魔。

这次毕业设计的主题是“星际争霸赛”。让我们和喵小灰一起来完成这个艰巨的任务吧！

任务发布

“星际争霸类”主题游戏设计要求如下。

（1）综合应用之前学习的知识进行设计，要求有多个关卡。

（2）完整记录游戏开发过程，并在设计完毕后邀请至少 10 个人体验自己设计的游戏。

游戏构思记录

地图网格纸

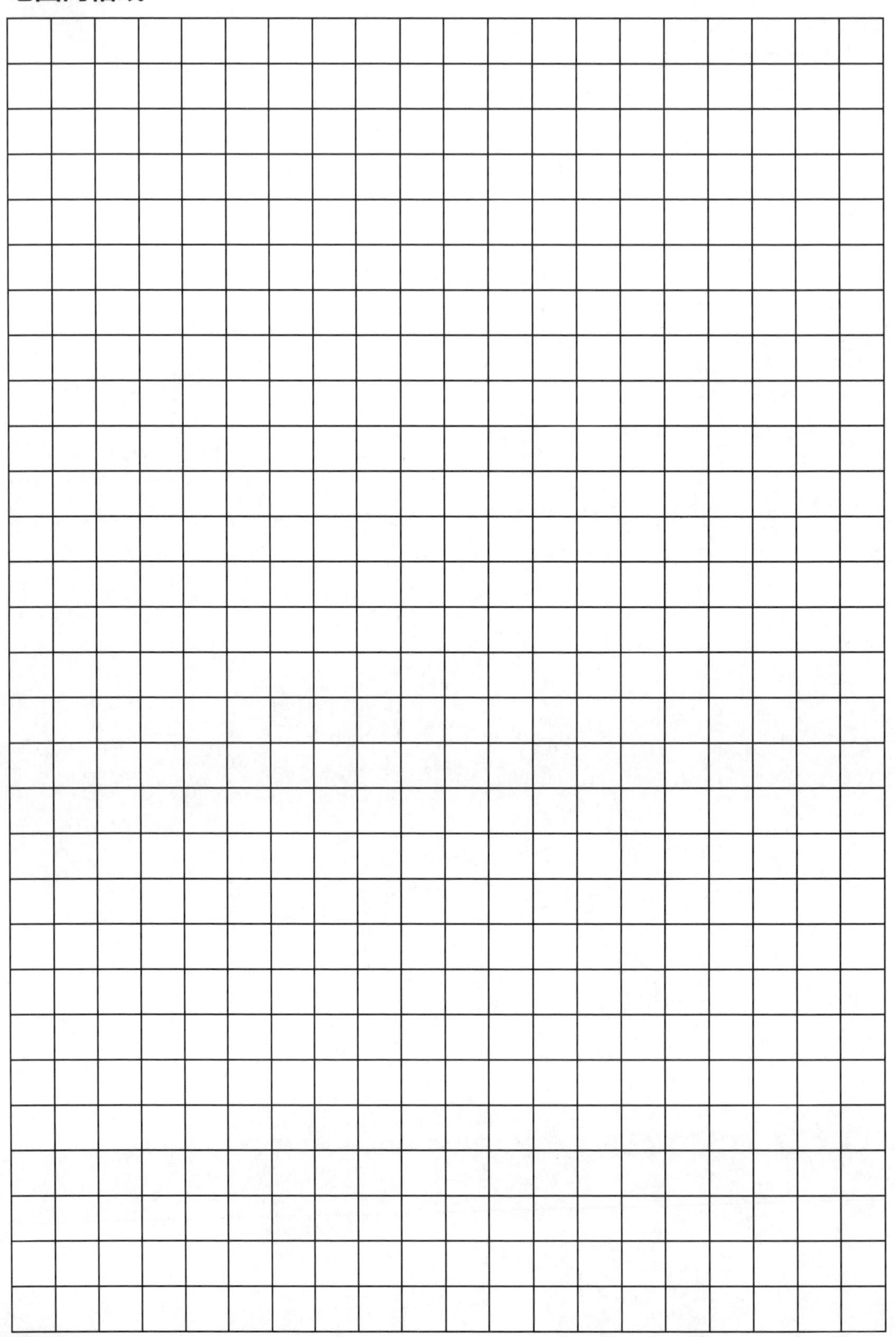

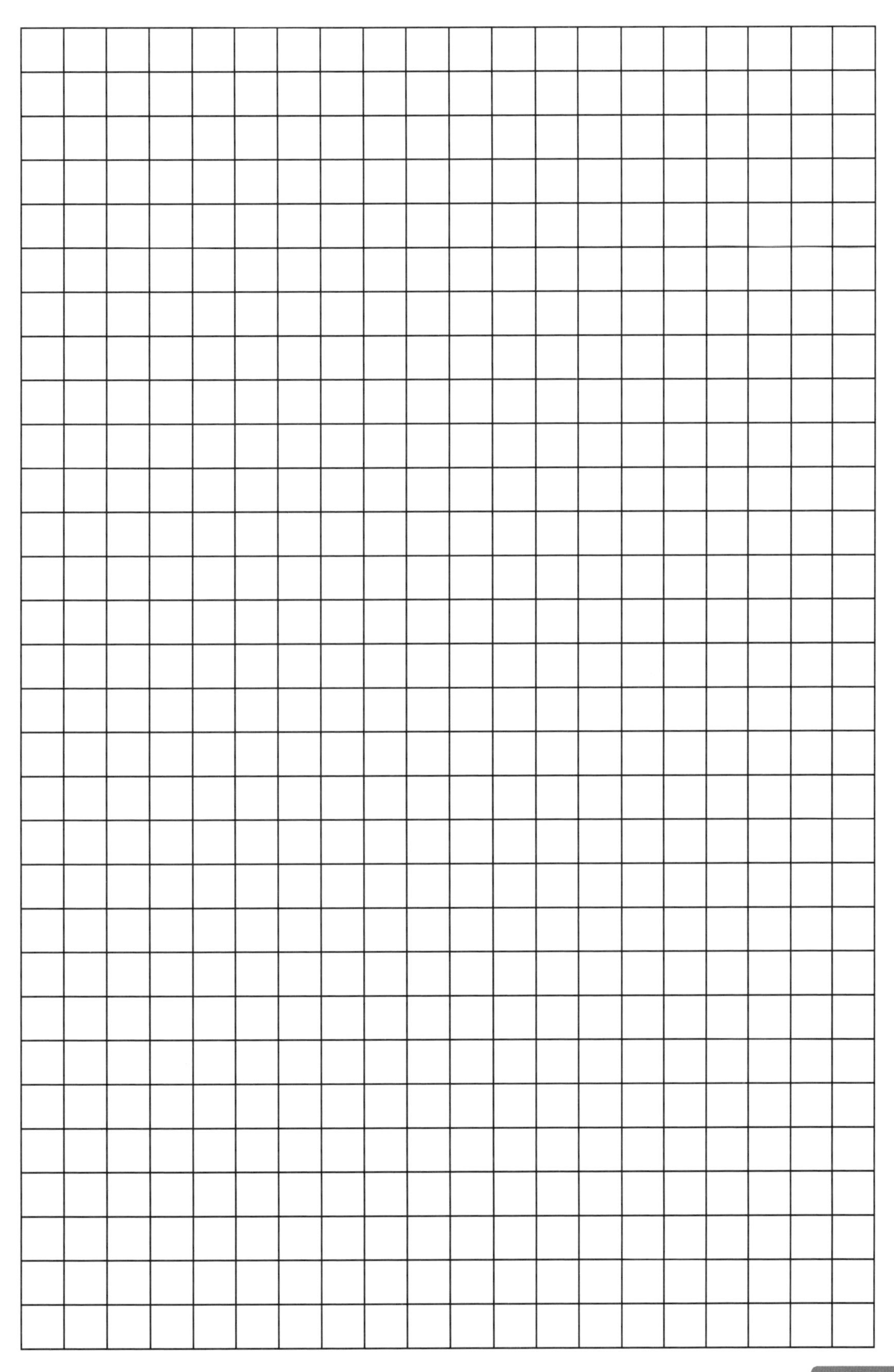

本课小结

恭喜你完成了喵星学院魔法学习之旅，相信在这一段奇妙的学习旅途中，你一定有很多收获。

在下面记录你的收获和感想吧！

毕业证书

照

片

亲爱的______同学

恭喜你修完 喵星学院 的魔法课程，

成为一名伟大的宇宙英雄，希望你在接下来的日子里

能够运用MakeCode Arcade魔法帮助人们解决问题，给宇宙带来和平。

毕业时间

______

院长签字

喵院长

______